地理信息系统实验教程

DILI XINXI XITONG SHIYAN JIAOCHENG

胡继华　编著

·广州·

版权所有　翻印必究

图书在版编目（CIP）数据

地理信息系统实验教程/胡继华主编. —广州：中山大学出版社，2020.12
ISBN 978-7-306-06839-2

Ⅰ. ①地… Ⅱ. ①胡… Ⅲ. ①地理信息系统—实验—高等学校—教材 Ⅳ. ①P208-33

中国版本图书馆 CIP 数据核字（2020）第 023618 号

出 版 人：	王天琪
策划编辑：	曾育林
责任编辑：	曾育林
封面设计：	曾　斌
责任校对：	马霄行
责任技编：	何雅涛
出版发行：	中山大学出版社
电　　话：	编辑部 020-84111996，84113349，84111997，84110779
	发行部 020-84111998，84111981，84111160
地　　址：	广州市新港西路 135 号
邮　　编：	510275　　　　　传　真：020-84036565
网　　址：	http://www.zsup.com.cn　　E-mail:zdcbs@mail.sysu.edu.cn
印 刷 者：	广州市友盛彩印有限公司
规　　格：	787mm×1092mm　1/16　14.625 印张　262 千字
版次印次：	2020 年 12 月第 1 版　2020 年 12 月第 1 次印刷
定　　价：	48.00 元

如发现本书因印装质量影响阅读，请与出版社发行部联系调换

前　言

　　学习和教授地理信息系统廿八年来，亲身经历了 GIS 的发展和繁荣时期。在信息技术和国民经济需求的强力推动下，GIS 可谓一路繁花似锦，一路欢歌相送，风头无两。

　　虽然 GIS 有强大的表现力，又涉及很多技术，在各行各业都有丰富的应用，但是 GIS 教学并不是容易的事情。因为 GIS 教学的主要对象是非 IT 专业的学生，如地理学相关、测绘工程、交通工程等专业的学生，他们很多没有 IT 技术基础，又要学习本专业众多的理论和技术，没有太多的时间用在 GIS 课程上。

　　IT 是 GIS 的基础，学习 GIS 必然要学习 IT 技术，如编程技术、数据库技术、网站开发技术等。如何让学生在有限的时间内学习和掌握这些技术呢？实验是一种较好的选择。通过明确的实验目的、清晰详细的实验步骤，按照实验指南一步一步地完成实验，获得第一手直观感觉和动手经验；再回头查看相关的实验原理和理论，明白为什么这样做，是否还有其他的实现方法。从而达到快速学习和锻炼动手能力的双重目的。

　　由此，编者有了编写这本实验教程的想法。首先，本教程不求大而全，而是力求详细阐述实验相关的理论和技术要点。其次，本教程力求反映 GIS 最新的理论和技术成果，如大数据、三维 GIS 等方面的理论和技术，以及数据采集方面的新技术和新设备。但是，信息技术和 GIS 发展实在太快，智能 GIS 已经向我们走来了。所以，本书必然挂一漏万，请各路同行和专家不吝指正。

编　者
二〇一九年十一月二日
于中山大学蒲园

目　　录

第一章　绪论…………………………… 1
　　第一节　地图的沿革……………… 1
　　第二节　电子地图………………… 7
　　第三节　地理信息系统…………… 9
　　第四节　主流软件介绍 ………… 14
第二章　数据获取与处理 …………… 18
　　第一节　数字化仪 ……………… 18
　　第二节　屏幕数字化 …………… 19
　　第三节　GPS RTK 测量设备
　　　　　　……………………………21
　　第四节　网络地图数据抽取
　　　　　　……………………………24
　　第五节　空间数据编辑 ………… 25
第三章　地图投影和坐标系 ………… 31
　　第一节　地图投影类型 ………… 32
　　第二节　高斯－克吕格投影
　　　　　　……………………………34
　　第三节　墨卡托投影 …………… 36
　　第四节　网络地图坐标系 ……… 38
第四章　数据结构与模型 …………… 40
　　第一节　栅格数据结构 ………… 40
　　第二节　矢量数据结构 ………… 43
　　第三节　SuperMap 数据模型
　　　　　　……………………………43
　　第四节　ArcGIS 数据模型 …… 49
第五章　空间分析 …………………… 53
　　第一节　缓冲区分析 …………… 54
　　第二节　叠加分析 ……………… 55
　　第三节　网络分析 ……………… 59
　　第四节　ArcGIS 空间分析 …… 68

　　第五节　线性参考与动态分段
　　　　　　……………………………75
　　第六节　Tracking Analyst …… 79
第六章　三维显示与分析 …………… 83
　　第一节　ArcGIS 3D Analyst
　　　　　　……………………………83
　　第二节　3D 数据类型 ………… 87
　　第三节　三维分析 ……………… 92
　　第四节　倾斜摄影测量 ………… 101
第七章　地图制图 ………………… 107
　　第一节　基本地图制图 ……… 107
　　第二节　地图符号定制 ……… 118
　　第三节　高级地图制图 ……… 123
　　第四节　热力图制作 ………… 132
　　第五节　高精度地图 ………… 137
第八章　组件式 GIS ……………… 140
　　第一节　组件式 GIS 原理…… 140
　　第二节　常见开发环境 ……… 151
　　第三节　组件式 GIS 开发 …… 161
第九章　服务式 GIS ……………… 181
　　第一节　Web GIS …………… 181
　　第二节　服务式 GIS ………… 185
　　第三节　服务式 GIS 开发 …… 187
第十章　大数据 GIS ……………… 195
　　第一节　大数据时代………… 195
　　第二节　大数据问题和挑战
　　　　　　……………………………196
　　第三节　大数据存储………… 197
　　第四节　大数据计算………… 198
　　第五节　大数据可视化……… 201

第六节　SuperMap 与大数据 …………… 202

第七节　ArcGIS 与大数据 …………… 205

参考文献……………………………… 213

图　目　录

图1-1-1　普通地图和三维地图
　　　…………………………… 1
图1-1-2　禹贡九州图 …………… 2
图1-1-3　天下图 ………………… 2
图1-1-4　华夷图 ………………… 3
图1-1-5　郑和航海图 …………… 4
图1-1-6　固原州舆图 …………… 4
图1-1-7　坤舆万国全图 ………… 5
图1-1-8　天下诸蕃识贡图 ……… 5
图1-2-1　高精度地图 …………… 8
图1-3-1　地理信息系统基本功能
　　　…………………………… 10
图1-3-2　地理信息系统应用领域
　　　…………………………… 11
图1-3-3　新时代GIS结构和功能
　　　…………………………… 13
图1-3-4　真三维GIS …………… 13
图1-4-1　SuperMap软件结构
　　　…………………………… 15
图1-4-2　ArcGIS平台架构 …… 16
图1-4-3　ArcGIS APP架构 …… 16
图1-4-4　ArcGIS信息服务 …… 17
图1-4-5　ArcGIS服务结构 …… 17
图2-1-1　数字化仪 ……………… 18
图2-2-1　用于屏幕数字化的正射
　　　遥感影像 ………………… 20
图2-3-1　GPS RTK原理和设备示意
　　　…………………………… 21
图2-3-2　GPS RTK配套手簿设备
　　　…………………………… 22

图2-4-1　高德地图API官方网站
　　　…………………………… 24
图2-4-2　高德地图数据结构示意
　　　…………………………… 25
图2-5-1　新建个人地理数据库
　　　示意 ……………………… 27
图2-5-2　ArcMap编辑界面示意
　　　…………………………… 28
图2-5-3　等高线节点编辑示意
　　　…………………………… 29
图2-5-5　等高线图层符号编辑器
　　　…………………………… 30
图3-1-1　地图投影示意 ………… 31
图3-1-2　几何投影示意 ………… 33
图3-1-3　地图投影类型示意
　　　…………………………… 33
图3-2-1　高斯投影示意 ………… 34
图3-2-2　高斯投影分带示意
　　　…………………………… 35
图3-2-3　高斯投影坐标定义示意
　　　…………………………… 35
图3-3-1　墨卡托投影示意 ……… 36
图3-4-1　WGS-84椭球面和大地
　　　水准面关系示意
　　　…………………………… 38
图4-1-1　栅格数据示意 ………… 40
图4-1-2　多波段栅格数据合成
　　　示意 ……………………… 42
图4-1-3　影像金字塔结构 ……… 42
图4-2-1　矢量数据 ……………… 43

图 4-3-1	空间数据库 …………… 44
图 4-3-2	SuperMap 空间数据引擎
	…………………………… 44
图 4-3-3	点数据模型 …………… 45
图 4-3-4	线数据模型 …………… 45
图 4-3-5	面数据模型 …………… 45
图 4-3-6	文本数据模型 ………… 46
图 4-3-7	CAD 数据模型 ………… 46
图 4-3-8	线性参考 ……………… 47
图 4-3-9	路由数据模型 ………… 47
图 4-3-10	网络数据模型 ………… 48
图 4-3-11	Grid 数据模型 ………… 48
图 4-3-12	影像数据模型 ………… 49
图 4-4-1	ArcGIS 数据模型 ……… 50
图 4-4-2	ArcGIS Data Store …… 51
图 5-1-1	点缓冲区 ……………… 54
图 5-1-2	线缓冲区 ……………… 54
图 5-1-3	面缓冲区 ……………… 55
图 5-2-1	空间叠加原理 ………… 55
图 5-2-2	裁剪运算 ……………… 56
图 5-2-3	求交运算 ……………… 56
图 5-2-4	擦除运算 ……………… 57
图 5-2-5	合并运算 ……………… 57
图 5-2-6	同一运算 ……………… 58
图 5-2-7	对称差运算 …………… 58
图 5-2-8	更新运算 ……………… 58
图 5-3-1	交通网络 ……………… 60
图 5-3-2	道路交叉口转向 ……… 61
图 5-3-3	交通网络 ……………… 62
图 5-3-4	连通性组 ……………… 62
图 5-3-5	连通性定义 …………… 63
图 5-3-6	赋值器 ………………… 64
图 5-3-7	方向定义 ……………… 65
图 5-3-8	使用 ArcCatlog 创建
	网络数据集 …………… 67
图 5-4-1	创建坡度、坡向和
	山体阴影 ……………… 68

图 5-4-2	识别适宜位置 ………… 69
图 5-4-3	距离和成本分析 ……… 69
图 5-4-4	最佳路径分析 ………… 69
图 5-4-5	分区计算 ……………… 70
图 5-4-6	采样点插值 …………… 70
图 5-4-7	栅格数据综合 ………… 71
图 5-4-8	表示模型 ……………… 71
图 5-4-9	栅格叠加操作 ………… 72
图 5-4-10	过程模型 ……………… 72
图 5-4-11	最佳设置地点 ………… 73
图 5-4-12	最佳选址的具体要求
	…………………………… 73
图 5-4-13	最佳选址的计算模型
	…………………………… 74
图 5-4-14	模型计算结果 ………… 75
图 5-5-1	线性参考示意 ………… 76
图 5-5-2	路径 …………………… 77
图 5-5-3	路径存储表 …………… 77
图 5-5-4	动态分段 ……………… 78
图 5-6-1	添加时态数据 ………… 79
图 5-6-2	追踪管理器 …………… 80
图 5-6-3	自定义追踪符号 ……… 81
图 5-6-4	回放管理器 …………… 82
图 5-6-5	在 ArcGlobe 里面
	进行追踪 ……………… 82
图 6-1-1	在 ArcGlobe 软件主界面
	…………………………… 83
图 6-1-2	在 ArcScene 软件主界面
	…………………………… 84
图 6-1-3	3D 对象查询 ………… 84
图 6-1-4	3D 分析 ……………… 85
图 6-1-5	外源 3D 模型数据导入
	…………………………… 85
图 6-1-6	3D 数据编辑和维护 ……
	…………………………… 86
图 6-1-7	3D 距离量算 ………… 86
图 6-2-1	多面体数据 …………… 88

图 6-2-2	栅格数据和 DEM ……	89
图 6-2-3	TIN 数据…………	89
图 6-2-4	Terrain 数据集 ……	90
图 6-2-5	LAS 数据 …………	91
图 6-3-1	3D 集合运算符 ……	92
图 6-3-2	3D 构建高射炮威胁分析环境 …………	93
图 6-3-3	飞行路径 …………	93
图 6-3-4	3D 实体 …………	94
图 6-3-5	3D 飞行走廊 ……	95
图 6-3-6	3D 飞行走廊威胁分析结果 …………	95
图 6-3-7	创建蒸汽管爆炸分析环境 …………	96
图 6-3-8	3D 创建爆炸危险区 …………………	96
图 6-3-9	调整爆炸危险区尺寸 …………………	97
图 6-3-10	爆炸对建筑物的影响分析结果 …………	97
图 6-3-11	创建随机点界面 ……	98
图 6-3-12	建筑物轮廓内的随机点 …………………	99
图 6-3-13	添加表面信息 ……	99
图 6-3-14	汇总统计数据界面 …………………	100
图 6-3-15	对建筑物轮廓在高程方向进行拉伸的结果 …………………	100
图 6-4-1	倾斜摄影测量原理 …………………	102
图 6-4-2	倾斜摄影加工流程 …………………	103
图 6-4-3	倾斜摄影测量结果 …………………	105
图 6-4-4	倾斜摄影测量优势 …………………	106
图 7-1-1	ArcMap 地图主界面功能…………………	108
图 7-1-2	ArcMap 布局主界面功能…………………	109
图 7-1-3	添加数据的方法 ……	110
图 7-1-4	图层和样式管理器 …………………	111
图 7-1-5	添加数据 …………	111
图 7-1-6	Shape 数据列表 …	112
图 7-1-7	修改图层名称 ……	112
图 7-1-8	空间参考定义 ……	113
图 7-1-9	地图图层设置 ……	113
图 7-1-10	示例图层含义 ……	114
图 7-1-11	广州地图数据 ……	114
图 7-1-12	错误的行政区域 …………………	115
图 7-1-13	图层颜色设置 ……	115
图 7-1-14	图层颜色专题图设置 …………………	116
图 7-1-15	颜色设置结果 ……	116
图 7-1-16	行政区合并需求 …………………	117
图 7-1-17	行政区合并结果 …………………	117
图 7-2-1	符号选择器 …………	119
图 7-2-2	样式管理器→创建新样式……………	120
图 7-2-3	第三方符号列表 ……	121
图 7-2-4	选择第三方符号 ……	121
图 7-2-5	添加进样式管理器的符号……………	122
图 7-2-6	符号替换 …………	122
图 7-2-7	效果图 ……………	123
图 7-3-1	制图表达设置 ……	124
图 7-3-2	制图表达结果 ……	125
图 7-3-3	制图表达特效-移动 …………………	125

图 7-3-4　移动特效设置界面 …………………………………… 126

图 7-3-5　移动特效设置结果 …………………………………… 126

图 7-3-6　标注管理器 ………… 128

图 7-3-7　错误的标注 ………… 128

图 7-3-8　正确的标注 ………… 128

图 7-3-9　字体晕圈效果设置 …………………………………… 129

图 7-3-10　字体 CJK 方向设置 …………………………………… 129

图 7-3-11　字体设置结果 …… 130

图 7-3-12　字体标注显示比例设置 ……………………………… 130

图 7-3-13　图层显示比例设置 …………………………………… 131

图 7-4-1　热力图图层属性设置 …………………………………… 133

图 7-4-2　热力图层参数设置 …………………………………… 133

图 7-4-3　热力图层设置结果 …………………………………… 134

图 7-4-4　热力图层最值设置 …………………………………… 136

图 7-4-5　流量热力图 ………… 136

图 7-5-1　高精度地图制作示意 …………………………………… 137

图 8-1-1　ArcObjects 与其他产品关系 ………………… 144

图 8-1-2　ArcEngine 二次开发结果实训 ………………… 145

图 8-1-3　SuperMap 高效数据访问 …………………………………… 145

图 8-1-4　SuperMap 大数据可视化 …………………………………… 146

图 8-1-5　SperMap 二、三维器一体化 ………………… 147

图 8-1-6　SperMap 符号选择器 …………………………………… 148

图 8-1-7　SperMap 路口优化 …………………………………… 148

图 8-1-8　SperMap 时间专题图实例 …………………………………… 149

图 8-1-9　SperMap DEM 融合可视化 …………………………………… 150

图 8-2-1　Visual Studio2017 编辑调试界面 ………… 151

图 8-2-2　Visual Studio2017 智能代码编辑 ………… 152

图 8-2-3　Visual Studio2017 速览定义功能 ………… 152

图 8-2-4　Visual Studio2017 CodeLens 功能 ………… 153

图 8-2-5　Visual Studio2017 快速修复 bug 功能 …………………………………… 153

图 8-2-6　Visual Studio2017 平台代码调试 …… 154

图 8-2-7　Visual Studio2017 代码诊断 ………… 154

图 8-2-8　Visual Studio2017 多线程管理 ……… 155

图 8-2-9　Visual Studio2017 云集成 ………………… 155

图 8-2-10　Visual Studio2017 与 Azure 集成 …… 156

图 8-2-11　Visual Studio2017 IDE 与 Azure 一体化管理 …………………………………… 156

图 8-2-12　Visual Studio2017 直接管理任意程序 …… 157

图 8-2-13　Visual Studio2017 跨平台管理代码 …………………………………… 157

图 8-2-14　Eclipse 主界面 …… 159
图 8-2-15　Buildship 项目导入
　　　　　………………………… 160
图 8-2-16　Buildship 首选项
　　　　　………………………… 160
图 8-3-1　组件式开发-创建项目
　　　　　………………………… 161
图 8-3-2　组件式开发-修改
　　　　　窗体属性………… 162
图 8-3-3　组件式开发-加载
　　　　　地图组件………… 163
图 8-3-4　组件式开发-添加数据
　　　　　………………………… 163
图 8-3-5　组件式开发-添加图层
　　　　　………………………… 164
图 8-3-6　组件式开发-地图显示
　　　　　运行………………… 164
图 8-3-7　组件式开发-放大缩小
　　　　　功能………………… 165
图 8-3-8　组件式开发-添加查询
　　　　　条件………………… 166
图 8-3-9　组件式开发-添加引用
　　　　　………………………… 166
图 8-3-10　组件式开发-搜索结果
　　　　　………………………… 168
图 8-3-11　组件式开发-点查询
　　　　　实现………………… 171
图 8-3-12　组件式开发-圆查询
　　　　　实现………………… 172
图 8-3-13　组件式开发-居中
　　　　　放大………………… 173
图 8-3-14　组件式开发-居中
　　　　　放大代码…………… 174
图 8-3-15　组件式开发-居中
　　　　　放大结果…………… 175
图 8-3-16　组件式开发-拉框
　　　　　放大结果…………… 176

图 8-3-17　组件式开发-数据管理
　　　　　………………………… 177
图 8-3-18　组件式开发-数据管理
　　　　　界面………………… 178
图 8-3-19　组件式开发-数据管理
　　　　　（打开 MXD）
　　　　　………………………… 178
图 8-3-20　组件式开发-数据管理
　　　　　（添加 shp）…… 179
图 8-3-21　组件式开发-数据管理
　　　　　（添加 GDB）
　　　　　………………………… 179
图 8-3-22　组件式开发-数据管理
　　　　　（清空图层）
　　　　　………………………… 180
图 9-3-1　文档对象模型主要元素
　　　　　及其关系…………… 189
图 9-3-2　基于高德地图的空间数据
　　　　　采集网页…………… 193
图 10-4-1　MapReduce 计算模型
　　　　　………………………… 198
图 10-4-2　Spark 计算模型 …… 198
图 10-4-3　Spark 扩展库 ……… 199
图 10-4-4　Spark 实时计算模型
　　　　　………………………… 200
图 10-5-1　大数据可视化类型
　　　　　………………………… 201
图 10-6-1　SuperMap 大数据技术
　　　　　体系………………… 202
图 10-6-2　SuperMap 大数据集群
　　　　　………………………… 203
图 10-6-3　SuperMap 大数据功能
　　　　　………………………… 204
图 10-7-1　ArcGIS 栅格大数据
　　　　　分析………………… 205
图 10-7-2　ArcGIS 实时大数据
　　　　　分析………………… 206

图 10-7-3　ArcGIS 矢量大数据
　　　　　　分析…………… 206
图 10-7-4　ArcGIS 与 Spark
　　　　　　…………………… 207
图 10-7-5　ArcGIS 动态影像服务
　　　　　　…………………… 208
图 10-7-6　ArcGIS Image Service
　　　　　　结构……………… 208

图 10-7-7　ArcGIS 图像分析功能
　　　　　　…………………… 209
图 10-7-8　ArcGIS 影像动态镶嵌
　　　　　　…………………… 209
图 10-7-9　ArcGIS …………… 210
图 10-7-10　ArcGIS 实时数据处理
　　　　　　算子………………… 210

表 目 录

表 5-3-1　转弯字段定义 ……………………………………………………… 65
表 7-1-1　广州导航图最佳显示比例 …………………………………………… 131
表 8-3-1　查询功能设置 ………………………………………………………… 169
表 8-3-2　数据管理功能设置 …………………………………………………… 177
表 9-2-1　Service GIS 和 WebGIS Server GIS 功能对比 …………………… 185
表 9-3-1　搜索对象的异步消息响应 …………………………………………… 190
表 9-3-2　Java Script 调用 ADO 组件在 Access 中保存数据………………… 191

第一章 绪 论

第一节 地图的沿革

地图,是按一定的比例运用线条、符号、颜色、文字注记等描绘显示地球表面的自然地理、行政区域、社会状况的图形(图1-1-1)。随着科技的进步,地图的概念是不断发展变化的,如将地图看成"反映自然和社会现象的形象、符号模型",地图是"空间信息的载体""空间信息的传递通道"等。

图1-1-1 普通地图和三维地图

一、典型地图

地图古已有之,但是地图出现的时间现在还没有确定。古代地图一般画在羊皮纸或石板上,传统地图的载体多为纸张,随着科技的发展出现了电子地图等多种载体。

我们国家在青铜器时代已经出现了地图,最有名的大概是禹贡九州图(图1-1-2)。相传,夏朝初年,夏王大禹划分天下为九州,令九州州牧贡献青铜铸造九鼎,象征九州,将全国九州的名山大川、奇异之物镌刻于九鼎之身,以一鼎象征一州，并将九鼎集中于夏王朝都城，成为传国宝器。

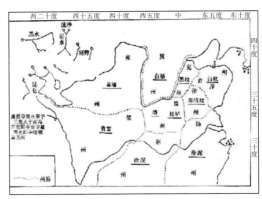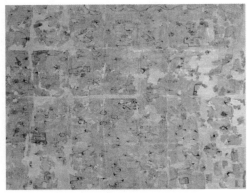

图1-1-2　禹贡九州图

《天下图》（图1-1-3）是汉晋到唐之前对世界地理认识感性描绘的地图，虽然也包含各进贡国的信息，但区域进一步扩大，部分边远的甚至传闻的非进贡国也被吸纳。现存《天下图》都是后世的传抄。因区域太大它只是概念性地图，图文跟真实地理不能精确对应，也没有现代地图的纷繁复杂的符合系统及统一的高精度比例尺。

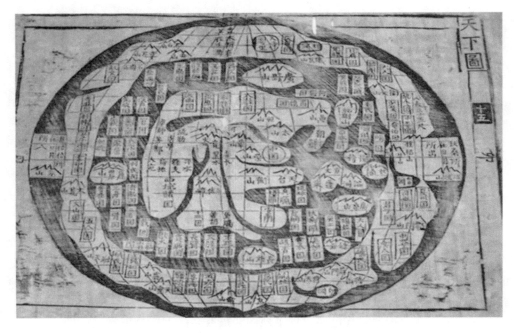

图1-1-3　天下图

《华夷图》（图1-1-4）是中国现存的时间最早的石刻地图，属国有文物，现存陕西省博物馆。因《华夷图》域外部分以8世纪末9世纪初贾耽的《海内华夷图》为基础，故而将此图放在宋图第一位。《华夷图》是一石两刻，一面为《华夷图》，一面为《禹迹图》。《华夷图》于1136年10月27日刻石，有晚至徽宗政和七年（公元1117年）的宋朝行政建置，依据这一点，将绘制此图的时间下限，确定在1117年之前。绘制时间与刻石时间相差20年，因为1127年金灭北宋，所以猜测是中间长期的战争打乱了和平生活，而这个石刻地图主要是和平时期用于教学的。

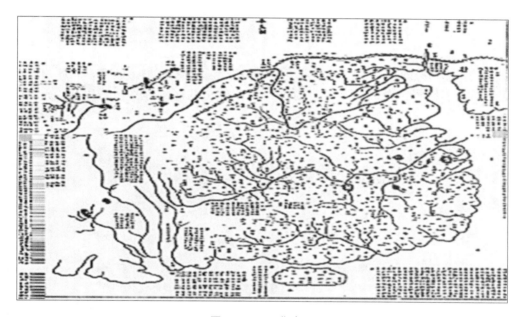

图1-1-4　华夷图

《郑和航海图》（图1-1-5），原名《自宝船厂开船从龙江关出水直抵外国诸番图》。图上所绘基本航线以南京为起点，沿江而下，出海后沿海岸南下，沿中南半岛、马来半岛海岸，穿越马六甲海峡，经锡兰山（今斯里兰卡）到达溜山国（今马尔代夫）。由此分为两条航线，一条横渡印度洋到非洲东岸，另一条从溜山国横渡阿拉伯海到忽鲁谟斯。图中对山岳、岛屿、桥梁、寺院、城市等物标，是采用中国传统的山水画立体写景形式绘制的，形象直观，易于航行中辨认。对主要国家和州、县、卫、所、巡司等则用方框标出，以示其重要。图上共绘记530多个记名，包括亚非海岸和30多个国家和地区。往返航线各50多条，航线旁所标注的针路、更数等导航定位数据，更有实用价值。这充分说明当时中国海船的远航经验甚为丰富，航海技术水平已达到相当完善的程度。

图1-1-5 郑和航海图

《固原州舆图》（图1-1-6），明末彩绘本，国家图书馆收藏。固原州即现在的固原市原州区及周边地区，为该地现存较早的彩绘地图。图纵52 cm、横55 cm。

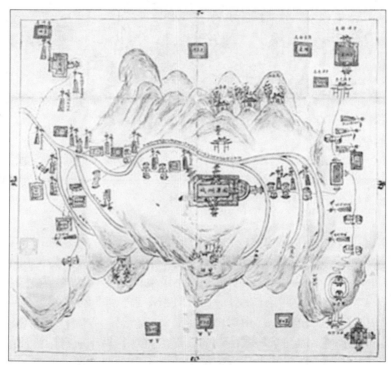

图1-1-6 固原州舆图

《坤舆万国全图》（图1-1-7）是利玛窦于明万历三十年（1602年）在中国绘制的世界地图，被誉为中国最早的较为完备的世界地图。该图最初是在1602年由李之藻以木板刻印，原为6幅条屏，今装裱为一大幅，通幅纵168.7厘米、横

380.2厘米。该图当年在北京付印后，刻本在国内已经失传。现存李之藻原版图共有7件，都保存在国外。

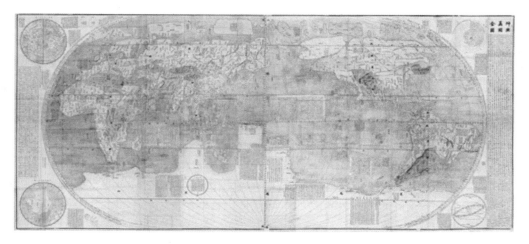

图1-1-7　坤舆万国全图

《天下诸蕃识贡图》（图1-1-8）是1418年永乐《天下诸蕃识贡图》的摹本，是一张完全由中国人按照自己对世界地理的测量结果而绘制的世界地图，图上包括澳大利亚和南极大陆，所有大陆轮廓都很准确，即使和1763年之前的欧洲大航海绘制的所有世界地图对比，此图对世界的了解也比欧洲地图更多。这是此图被传抄的原因，也是此图不可能是西方地图的原因。1763年，中国仍然强盛，迟至19世纪初，欧洲国家都还在向我们进贡。在18世纪末之前，你根本找不到比这幅中国地图更完美的欧洲世界地图。这种东西两半球双环重叠世界地图在地图投影学上也是科学模式，并且是中国独创。

图1-1-8　天下诸蕃识贡图

二、传统地图的作用

（1）保存和传播。一张图胜过千言万语，地图保存了地物、地貌及其相互关系的丰富信息，是文字表达难以描述的；地图是对地表的抽象，是一种形象化的语言，易于识读和理解；地图保存在纸质或其他媒介中，便于复制和运输，可以为世界各地的人群学习和使用。

（2）定位和导航。地图保存了典型地物的位置信息，人们根据附近的典型地物可以定位自己的位置和行进的方向，为出行提供导航信息。

（3）量算。在地图上，特别是有比例尺的地图上，可以量算两点间的距离以及两点间的连线和坐标北方向的夹角，另外可以借助求积仪等设备来量算面积。

（4）权力和财富的标志。地图，特别是地籍图是有法律效力的权属文件，因此，古代战胜方受降时，一件重要的事情就是接收地籍簿册，从而按图索骥，占领所有的资产。

（5）艺术品。古代地图都是当时的天才人物成年累月制作的成果，有的是举国完成的工作，耗费了大量的人力物力，线条、色彩、构图等方面都堪称完美，代表了当时最高的科技水平，是当之无愧的艺术品。

三、传统地图的不足

（1）数据采集困难。古人制作一幅全国地图或世界地图，必定要走遍山山水水，没有十几年的时间是完不成数据采集的；即使在近代，在测量仪器的帮助下，大大节省了数据采集的时间，但是原始数据采集依然是费时费力、成本很高的工作。

（2）绘制困难。在古代没有纸张的时候，地图绘制在青铜器、瓷器、石头、羊皮纸上，或者绢布上，可想而知都是浩大的工程。到了近现代，特别是硫酸纸和针管笔出现后，可以比较准确地绘制地图符号和线形，地图绘制的工作量大大减少，但是一幅绘制1:500的地图仍然需要1个月的时间，且剃须刀片是必备工具之一。

（3）面积计算困难。在地图上量算距离比较简单，但是面积计算比较困难，由于自然地物，如河流、湖泊的自然形状是复杂的多边形，因此它们的面积量算的工作量是很大的，后来虽然出现了求积仪等设备，但是精度一直为人诟病，且操作起来相当复杂。

（4）美化困难。前面说古代地图都是大师的作品，从另一个侧面说明了地图对制作者的高要求，特别在绘画艺术方面要有深厚的功底；即使是近代的工笔黑白图，对从业者的书法、构图等方面的要求也是很高的，一般一个描图员要培训1年才能上岗。

（5）管理效率低下。纸质地图保存、查找和检索都很不方便，且随着时间推移发生图纸变形、破损和遗失等情况，给管理带来很大困难。

第二节　电　子　地　图

20世纪计算机技术革命，照亮了传统地图的道路。计算机革命是指电子计算机的发明、使用及其技术的发展给包括计算机工业在内的整个科学技术体系，乃至整个人类社会生活所带来的巨大影响与深刻变革。电子计算机诞生于20世纪中叶，其后不断发展，现已渗透到社会的各个领域，对科学技术、经济、社会的发展产生了深刻、巨大的影响。1950年，第一台图形显示器诞生，地图电子化思想瞬间爆发。但是，直到1981年，商业化的软件ARC/INFO才正式发布；同期（1986年）MapInfo也发布了。ARC/INFO主打高端路线，面向地理科学计算和空间分析，而Mapinfo则走大众路线，致力于功能实用和方便，由于它们既能够方便地制作地图，又能够存储、查询、量算，解决了传统地图很多难题，又能提供传统地图没有的空间分析功能，因而获得了"电子地图"的美誉。

1. 电子地图

电子地图（electronic map），即数字地图，是利用计算机技术，以数字方式存储和查阅的地图。电子地图储存数据的方法，一般使用矢量式图像储存，地图比例可放大、缩小或旋转而不影响显示效果，早期使用栅格式储存，地图比例不能放大或缩小，现代电子地图软件一般利用地理信息系统来储存和传送地图数据，也有其他的信息系统。

在社会需求的推动下，电子地图获得了快速发展，国土、规划、水利等空间数据管理的行业都制作了大量的电子地图，服务于部门业务，但是，这些地图局限于业务部门，是一个个地图孤岛，且相互连通和操作非常困难。另外，随着小汽车的普及和卫星定位技术的成熟，个人导航业务高涨，催生了导航地图，由于导航地图有天然的互联互通的要求，国土、规划部门的地图很难应用到汽车导航中，因此导航地图厂商都是自己采集路网数据和兴趣点数据，或购买其他导航地图数据，数据采集成本很高。在这个阶段、导航地图厂商、行业部门和GIS软件厂商都力求自身的地图和软件效益最大化，导致这个行业一直是小众行业，不能融入IT主流。

2005年谷歌地球的出现，瞬间照亮了地图的天空。谷歌告诉从业者，电子地图应该这样做！谷歌一下子将电子地图从象牙塔推向了社会大众。

谷歌地球（Google Earth，GE）是一款谷歌公司开发的虚拟地球软件，它把卫星照片、航空照相和GIS布置在一个地球的三维模型上。谷歌地球于2005年向全球推出，被《PC世界杂志》评为2005年全球100种最佳新产品之一。用户们可以通过一个下载到自己电脑上的客户端软件，免费浏览全球各地的高清晰度卫星图片。

　　Google Earth 的卫星影像，并非单一数据来源，而是卫星影像与航拍的数据整合。其卫星影像部分来自于美国 DigitalGlobe 公司的 QuickBird（快鸟）商业卫星与 EarthSat 公司（美国公司，影像来源于陆地卫星 LANDSAT-7 卫星居多），航拍部分的来源有 BlueSky 公司（英国公司，以航拍、GIS/GPS 相关业务为主）、Sanborn 公司（美国公司，以 GIS、地理数据、空中勘测等业务为主）、美国 IKONOS 及法国 SPOT5。

　　中国的 IT 公司从谷歌地图中看到了巨大的商机，纷纷打造自己的电子地图，作为用户和流量的入口。当时中国市场上导航地图有高德、四维、凯立德等几家公司，其中高德是规模最大的。百度最开始和高德接触，试图购买高德，但是其已经与四维有合作，因此挺犹豫。而高德对百度的收购价格和态度不满意，不太心甘情愿。阿里乘虚而入，一举控股了高德，后来又全资买下高德，同时保留高德原来的管理团队，使百度追悔莫及。腾讯无奈之下，购买了 SOSO 地图，并且打造街景地图作为创新点。目前，高德地图仍然保留原有的品牌，由于其专注于做导航，市场占有率越来越高，质量也越来越好。

2. 高精地图

　　高精地图（图 1-2-1）是电子地图的进一步发展，是指高精度、精细化定义的地图，其精度达到厘米级，能够区分各个车道。如今随着定位技术的发展，高精度的定位已经成为可能。而精细化定义，则是需要格式化存储交通场景中的各种交通要素，包括传统地图的道路网数据、车道网络数据、车道线以及交通标志等数据。

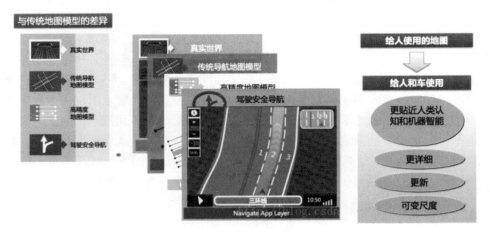

图 1-2-1　高精度地图

　　与电子地图不同，高精度电子地图的主要服务对象是无人驾驶车，或者说是机器驾驶员。和人类驾驶员不同，机器驾驶员缺乏与生俱来的视觉识别、逻辑分析能力。比如，人可以很轻松、准确地利用图像、GPS 定位自己，鉴别障碍物、人、交通信号灯等，但这对当前的机器人来说都是非常困难的任务。因此，高精度电子地图是当前无人驾驶车技术中必不可少的一个组成部分。高精度电子地图包含大量行车辅助信息，其中，最重要的是对路网精确的三维表征（厘米级精度）。比如，路面的几何结构、道路标示线的位置、周边道路环境的点云模型等。有了这些高精度的三维表征，车载机器人就可以通过比对车载 GPS、IMU、LiDAR 或摄像头数据来精确确认自己的当前位置。此外，高精度地图还包含丰富的语义信息，比如，交通信号灯的位置及类型，道路标示线的类型，识别哪些路面可以行驶，等等。这些能极大地提高了车载机器人鉴别周围环境的能力。此外，高精度地图还能帮助无人车识别车辆、行人及未知障碍物。这是因为高精地图一般会过滤掉车辆、行人等活动障碍物。如果无人车在行驶过程中发现当前高精地图中没有的物体，便有很大概率是车辆、行人或障碍物。因此，高精度地图可以提高无人车发现并鉴别障碍物的速度和精度。

高精度地图是无人驾驶核心技术之一，精准的地图对无人车定位、导航与控制，以及安全至关重要。我们马路上的车道线的宽度大约都在 10 cm，如果让行驶的车辆完全自动驾驶的情况下同时避免压线，就需要地图的定位精准度到 10 cm，甚至要达到该值的范围以内。其次，高精度地图还要反馈给车辆如道路前方信号灯的状态，判断道路前方的道路指示线是实或虚，判断限高、禁行，等等，所以高精度地图对于车辆的行驶来说要能够反馈准确的信息，来保证车辆安全、正常行驶。

此外，高精地图还需要比传统地图有更高的实时性。由于路网每天都有变化，如整修、道路标识线磨损及重漆、交通标示改变等。这些变化需要及时反映在高精地图上以确保无人车行驶安全。实时高精地图有很高的难度，但随着越来越多载有多种传感器的无人车行驶在路网中，一旦有一辆或几辆无人车发现了路网的变化，通过与云端通信，就可以把路网更新信息告诉其他无人车，使其他无人车更加聪明和安全。

第三节　地理信息系统

地理信息系统（geographic information system 或 geo-information system，GIS）有时又称为"空间信息系统"。它是一种特定的十分重要的空间信息系统。它是在计算机硬件、软件系统支持下，对整个或部分地球表层（包括大气层）空间中的有关地理分布数据进行采集、存储、管理、运算、分析、显示和描述的技术系统。

地理信息系统是一门综合性学科，结合地理学与地图学以及遥感和计算机科学，已经广泛地应用在不同的领域，是用于输入、存储、查询、分析和显示地理数据的计算机系统，随着 GIS 的发展，也有称 GIS 为"地理信息科学"（geographic information science）。近年来，也有称 GIS 为"地理信息服务"（geographic information service）。GIS 是一种基于计算机的工具，它可以对空间信息进行分析和处理（简而言之，是对地球上存在的现象和发生的事件进行成图和分析）。GIS 技术把地图这种独特的视觉化效果和地理分析功能与一般的数据库操作（例如，查询和统计分析等）集成在一起。

古往今来，几乎人类所有活动都是发生在地球上，都与地球表面位置（即地理空间位置）息息相关，随着计算机技术的日益发展和普及，地理信息系统以及在此基础上发展起来的"数字地球""数字城市"在人们的生产和生活中起着越来越重要的作用。

一、地理信息系统组成和基本功能

GIS 可以分为以下五部分（图 1-3-1）：

（1）人员，是 GIS 中最重要的组成部分。开发人员必须定义 GIS 中被执行的各种任务，开发处理程序。熟练的操作人员通常可以克服 GIS 软件功能的不足，但是相反的情况就不成立。最好的软件也无法弥补操作人员对 GIS 的一无所知所带来的副作用。

（2）数据，精确的可用的数据可以影响查询和分析的结果。

（3）硬件，硬件的性能影响软件对数据的处理速度、使用是否方便及可能的输出方式。

（4）软件，不仅包括 GIS 软件，还包括各种数据库、绘图、统计、影像处理及其他程序。

（5）过程，GIS 要求明确定义，用一致的方法来生成正确的可验证的结果。

图 1-3-1　地理信息系统基本功能

GIS 属于信息系统的一类，不同在于它能运作和处理地理参照数据。地理参照数据描述地球表面（包括大气层和较浅的地表下空间）空间要素的位置和属性，在 GIS 中的两种地理数据成分：空间数据，与空间要素几何特性有关；属性数据，提供空间要素的信息。

地理信息系统（GIS）与全球定位系统（GPS）、遥感系统（RS）合称"3S 系统"。

地理信息系统（GIS）是一种具有信息系统空间专业形式的数据管理系统。在严格意义上，这是一个具有集中、存储、操作和显示地理参考信息的计算机系统（图 1-3-2）。例如，根据在数据库中的位置对数据进行识别。实习者通常也认为整个 GIS 系统包括操作人员以及输入系统的数据。

地理信息系统（GIS）技术能够应用于科学调查、资源管理、财产管理、发展规划、绘图和路线规划。例如，一个地理信息系统（GIS）能使应急计划者在自然灾害的情况下较易地计算出应急反应时间，或利用 GIS 系统来发现那些需要保护不受污染的湿地。

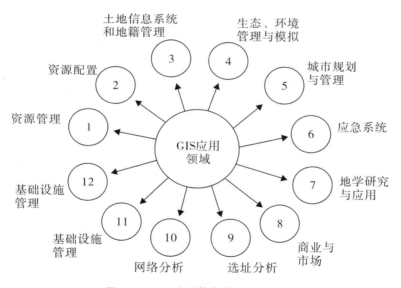

图 1-3-2 地理信息系统应用领域

二、地理信息系统简史

地理信息系统首先是一种计算机系统，因此地理信息系统是伴随计算机的兴起而产生的。20 世纪 50 年代，计算机兴起并开始在航空摄影测量学与地图制图学中应用，政府部门对土地利用规划与资源管理有了更高的要求，这使人们开始有可能用电子计算机来收集、存贮、处理各种与空间和地理分布有关的图形和有属性的数据，并通过计算机对数据的分析来直接为管理和决策服务，这才导致了现代意义上的地理信息系统的问世。20 世纪 60 年代，被誉为"地理信息系统之父"的加拿大测量学家 R. F. Tomlinson 首先提出了"地理信息"这一术语，并于 1971 年建立了世界上第一个加拿大地理信息系统（CGIS），用于土地和自然资源的管理与规划。接着美国哈佛大学研究出 SIMAP 系统软件，用于研究大城市交通系统。这些技术是地理信息系统发展的基础。

20 世纪 60 年代，地理信息系统发展的一个显著标志是有许多有关的组织和机构纷纷建立。例如，1966 年美国成立城市和区域信息系统协会，1969 年建立州系统全国协会等，这些组织和机构的建立为传播 GIS 知识、发展 GIS 技术起到了重要的推动作用，同时也标志着 GIS 的产生。但由于计算机水平的限制使得 GIS 带有更多的机助制图色彩，地学分析功能极为简单。

地理信息系统的操作对象是空间数据，它的优势在于空间数据结构和有效的数据集成、独特的地理空间分析能力、快速的空间地位搜索和复杂的空间查询功能、强大的图形生成和空间决策支持功能，因此，地理信息系统的发展很大程度上依赖于计算机硬件和软件技术。20 世纪 70 年代以后，随着计算机硬件和软件技术的飞速发展，使得空间数据的录入、存储、检索和输出等功能不断增强，地理信息系统也由理论雏形向实用性的应用系统进行发展。一些发达国家先后建立了许多不同规模、不同专题、不同类型的土地信息系统和地理信息系统。

20 世纪 80 年代是地理信息系统普遍发展和推广应用的阶段。这一时期计算机行业推出了图形工作站和 FC 机等性能价格比大为提高的新一代计算机，为 GIS 普及和推广应用提供了硬件基础。地理信息系统软件的研制和开发也取得了很大成就，涌现出一些有代表性的 GIS 软件，如 Arc info、Map info 等。

20 世纪 90 年代，随着个人计算机的发展和数字化信息产品在全世界的普及，地理信息系统已经不仅仅应用于科学研究和政府部门等专业领域，而且逐步走进了每个家庭，为人们的生活服务：它广泛的应用领域和丰富的信息含量，在现代社会生活中占据着越来越重要的地位。进入 21 世纪，地理信息系统正走进千家万户，逐渐进入地理信息系统应用的普及阶段，如开创了基于网络的 GIS、基于服务的 GIS。

经过几十年的发展，二维 GIS 技术在业务管理和工作效率提升上的优越性已经得到广泛认可，并在国内数十个行业成功应用。二维 GIS 使用（x、y）来表示空间位置，三维 GIS 使用（x、y、z）来表示空间位置，相对于二维 GIS，三维 GIS 不仅提供了三维的视觉认知，而且提供了三维空间分析方法与功能。随着计算机技术的发展和二维 GIS 行业应用的深入，人们逐渐表现出使用三维 GIS 展现真实世界的渴望，且三维 GIS 在军事的作战指挥、电子沙盘及地形仿真、数字城市、房地产展示、环保与气象中的专题分析与仿真、城市微气候和大气污染模拟地质与地下管线等领域有着越来越明显的优越性和不可替代性。因此，一方面，GIS 厂商正在大力发展 3DGIS，并结合激光扫描技术、无人机摄影测量技术、建筑信息模型

(BIM)等最新技术,显著降低 3D 数据采集成本和更新成本,为 3DGIS 的应用铺平道路;另一方面,云计算、大数据和人工智能近些年迅猛发展,地理信息系统厂商及时抓住时机,正在融入这些新技术(图 1-3-3、图 1-3-4)。

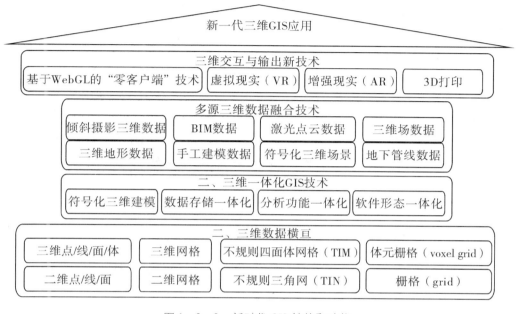

图 1-3-3　新时代 GIS 结构和功能

图 1-3-4　真三维 GIS

随着技术的不断进步,GIS 融入 IT 主流,地理信息技术的专业化程度将不断降低,成为普通人手中的生活必需工具。地理信息的普适性使得人们在旅行、购物、约会等日常工作生活的过程中都不可或缺地求助于各类地理信息系统。GIS 成为人们生活的一部分,我们习惯于 GIS 技术给我们的帮助,以至于我们不再惊异于这项技术的存在，这也就意味着后 GIS 技术时代的到来。SuperMap GIS 提供的各种开发平台将推动跨平台的网络地理信息服务、车辆和个人导航、位置智能工具等的发展，催生后 GIS 时代的到来。

思考和实验：

（1）经纬度定位方式是古代地图与近代地图的分水岭，请问当时是如何确定经纬度的？

（2）航海钟是确定经度的仪器吗，其原理是什么？

（3）海盗电影里面，常常有一个独眼龙的角色，是什么原因？请顺便谈谈纬度的定位原理。

第四节 主流软件介绍

一、SuperMap 软件

SuperMap GIS 是北京超图软件股份有限公司开发的，具有完全自主知识产权的大型地理信息系统软件平台。包括云 GIS 平台软件、组件 GIS 开发平台、移动 GIS 开发平台、桌面 GIS 平台、网络客户端 GIS 开发平台以及相关的空间数据生产、加工和管理工具。经过不断地技术创新、市场开拓和多年技术与经验的积累，SuperMap GIS 已经成为产品门类齐全、功能强大、覆盖行业范围广泛、满足各类信息系统建设的 GIS 软件品牌，并深入国内各个 GIS 行业应用，拥有大批的二次开发商。在日本超图株式会社的推动下，SuperMap GIS 已经成为日本著名的 GIS 品牌，并成功发展了 1000 多个用户，开创了国产 GIS 软件国际市场的先河。同时，SuperMap GIS 也在我国香港、澳门和台湾地区以及东南亚、北欧、印度南非等地大力开拓市场，获得越来越多的政府和企业用户的认可。

SuperMap GIS 是紧扣 IT 技术发展潮流的 GIS 软件平台，时刻关注技术和应用发展的趋势，贴近国内用户的需求，从而具有强大的生命力。在未来的几年中，SuperMap GIS 产品家族将得到继续维护和发展，产品在功能和稳定性等方面都将得到进一步的增强。SuperMap GIS 将根据"服务化""共相式内核""三维化"等趋势来指导未来几年的产品研发，为用户带来更有价值的产品和服务。SuperMap 软件结构如图 1-4-1 所示。

二、WebGIS 软件

当前时代，IT 及空间技术极速发展，为满足不断发展变化的 GIS 应用需求，

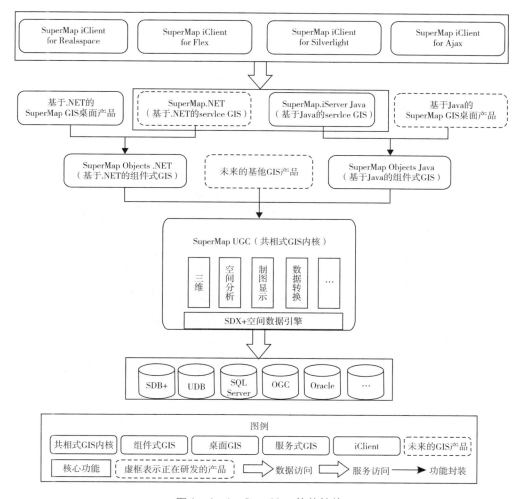

图 1-4-1 SuperMap 软件结构

Esri 提出"新一代 Web GIS"应用模式。该模式以 Web 为中心，资源和功能集中整合，GIS 服务的提供者以 Web 的方式提供资源和功能，用户可通过多种终端随时随地访问这些资源和功能。新一代 Web GIS 模式使 GIS 平台变得更加简单易用、开放和整合，通过提供丰富的在线内容、便捷的协作方式、随时随地的多设备访问及大众化的应用，为用户带来全新的 GIS 平台使用体验。

近年来，云计算、大数据、人工智能、物联网、无人机、倾斜摄影、BIM 等新技术层出不穷，Esri 不断与新技术结合，升级锻造新一代 Web GIS 平台，通过大数据、物联网、人工智能等新技术集成，为用户打造了一个功能更加强大、性能更加强劲的 Web GIS 平台，让用户随时随地、通过任意设备尽享敏捷、智能的工作体验。

三、ArcGIS 软件

ArcGIS 平台具备三层架构（图 1-4-2），即应用层（Apps）（图 1-4-3）、门户层（Portal）（图 1-4-4）和服务器层（Server）（图 1-4-5）。ArcGIS 不断完善与改进平台，形成以 Named User 为纽带，三层有机结合的全方位支撑平台，全面打造可落地的 Web GIS 应用模式。

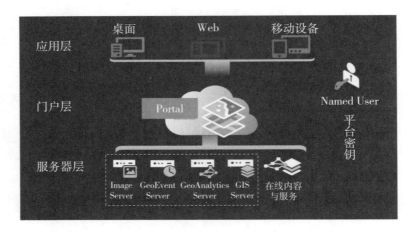

图 1-4-2　ArcGIS 平台架构

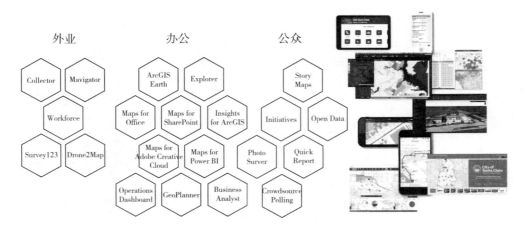

图 1-4-3　ArcGIS APP 架构

（1）应用层：用户访问 ArcGIS 平台的入口，不管是 GIS 专家还是业务人员，都可通过 Apps 访问 ArcGIS 平台提供的内容。

（2）门户层：ArcGIS 平台的访问控制中枢，是用户实现多维内容管理、跨部

图 1-4-4　ArcGIS 信息服务

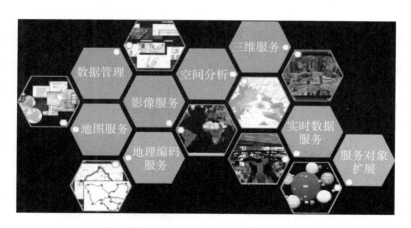

图 1-4-5　ArcGIS 服务结构

门跨组织协同分享、精细化访问控制，以及便捷地发现和使用 GIS 资源的渠道。门户可通过聚合多种来源的数据和服务创建地图，例如，聚合自有的数据、Esri 及 Esri 合作伙伴提供的数据等，制作的地图可供用户调用。

（3）服务器层：服务器是 ArcGIS 平台的重要支撑，为平台提供丰富的内容和开放的标准支持。它是空间数据和 GIS 分析能力、大数据分析能力在 Web 中发挥价值的关键，负责将数据、空间分析能力等转换为 GIS 服务（GIS Service），通过浏览器和多种设备将服务带到更多人身边。

第二章　数据获取与处理

随着技术的发展，数据获取的手段越来越丰富，相互之间的融合程度越来越高，GPS 和传统测量技术相结合，出现了 GPS RTK 高精度测量设备；鼠标精度大幅度提高，在计算机屏幕上就可以提取高精度的矢量数据。同时，网上出现很多共享数据，部分科研和学习数据可以从网上抽取，提高了数据采集和学习的效率。

第一节　数字化仪

数字化仪（图 2 - 1 - 1）是将图像（胶片或相片）和图形（包括各种地图）的连续模拟量转换为离散的数字量的装置，是在专业应用领域中一种用途非常广泛的图形输入设备。当使用者在电磁感应板上移动游标到指定位置，并将十字叉的交点对准数字化的点位时，按动按钮，数字化仪则将此时对应的命令符号和该点的位置坐标值排列成有序的一组信息，然后通过接口（多用串行接口）传送到主计算机。再说得简单通俗一些，数字化仪就是一块超大面积的手写板，用户可以通过用专门的电磁感应压感笔或光笔在上面写或者画图形，并传输给计算机系统。不过在软件的支持上，它是和手写板有很大的不同的，硬件的设计上也是各有偏重的。

图 2 - 1 - 1　数字化仪

数字化仪分为跟踪数字化仪和扫描数字化仪。前者种类很多，早期机电结构式数字化仪现已被全电子式（电子感应板式数字化仪）所替代。20世纪70年代曾研制出半自动和全自动跟踪数字化仪，目前生产中仍以手扶跟踪数字化仪为主要设备。电磁感应式数字化仪的工作原理和同步感应器相似，利用游标线圈和栅格阵列的电磁耦合，通过鉴相方式，实现模（位移量）—数（坐标值）转换。手扶跟踪数字化仪一般有点记录、增量、时间和栅格四种方式。后者是逐行扫描将图像或图形数字化的机电装置，有滚筒式扫描仪和平台式扫描仪两种。扫描数字化仪比跟踪数字化仪速度快，适用于图像的全要素数字化，但其不能自动识别和人工参与图中复合要素的处理，故对图件预处理要求高，实用性差。

高精度的数字化仪适用于地质、测绘、国土等行业。普通的数字化仪适用于工程、机械、服装设计等行业。

思考和实验：

数字化仪以前很流行，现在不流行了，为什么？

第二节　屏幕数字化

之前，由于电脑屏幕分辨率低，鼠标的分辨率也不高，因此从纸质地图和遥感影像上提取空间数据主要依靠数字化仪。后来，电脑屏幕越来越大，分辨率越来越高，价格也更便宜，同时鼠标的分辨率也越来越高，可以直接用鼠标在电脑屏幕上提取纸质地图或遥感影像（图2-2-1）为背景的空间数据，特别是依托遥感影像提取导航数据，是导航数据获取的主要方法之一。

屏幕数字化就是根据数字化（矢量化）软件（如R2V、ArcMap中ArcScan模块等），对已经进行扫描的地图分层进行矢量化的过程。

地图是地球表面现象经过投影后得到的平面图形，而地图扫描后仅仅是一张图片（从这个意义上讲它和我们通常见到的电子图片没有任何区别），当加载到软件中后所显示的坐标只是软件显示窗口的坐标，另一方面数字化的图层又必须有地图的实际平面坐标，因此这就要求我们在地图数字化之前要先进行从地图显示窗口坐标系统到实际地图坐标系统的转换，这就用到了地图配准操作。

ArcMap中提供了ArcScan模块，该模块对于扫描的纸质地图可以自动进行边界跟踪，大大提高了屏幕数字化的效率。具体的数字化步骤如下：

（1）打开ArcMap，加载ArcScan模块（在菜单栏空白处右键，选择ArcScan就可以了），然后在菜单栏Tools/Extensions上将ArcScan前的复选框挑上勾；加载地图配准模块Georeferencing，方法同加载ArcScan一样。

（2）为data frame设置地图坐标系统，从前面的介绍可以知道，这里设置坐标系统是和地图的真实坐标系统一致的，也即采用Beijing54地理坐标系统下的高斯

-克吕格投影,具体的设置前面已有介绍。

(3)加载地图。

(4)利用 Georeferencing 进行地图配准(建议先把 Georeferencing 下的 Auto Adjust 前的勾去掉)。点击图标进行选取控制点。控制点的选取原则是知道确定坐标的点(在这里是,如果是图到图的配准则需选取实际位置不变的点),地图的四角都有经纬度坐标,因此先分别选择这四个点。

(5)地图数字化。建立需要数字化的图层,如等高线层,图层的坐标系统应和之前实际地图坐标系统一致。加载需要数字化的图层和地图文件(已经完成地图配准后的文件)和该地图文件的某一个波段栅格数据(如 Band2),将该单波段栅格图像二值化,Start Editing 后这时可以看到 ArcScan 工具条被激活。

说明:ArcScan 矢量化工具只能在二值化栅格数据的情况下使用,而加载 RGB 合成的地图数据是为了便于人工干涉矢量跟踪,当然也可以不加载(后果是工作量大大增加并且容易出错)。将单波段图像不显示,这时就可以利用 ArcScan 矢量化地图要素,同时人看到的是"真彩色"合成的"原地图",便于操作。用于屏幕数字化的正射遥感影像如图 2-2-1 所示。

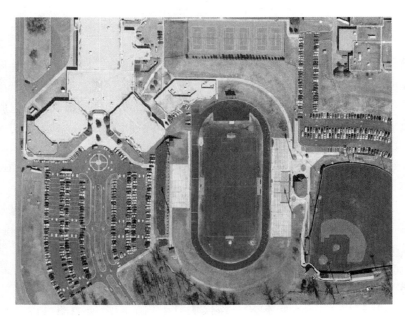

图 2-2-1 用于屏幕数字化的正射遥感影像

思考和实验:

(1)使用截图软件,从网络地图上截取一块遥感影像,然后在 GIS 中进行配准、建库,提取遥感影像中的道路、房屋、水系等矢量数据。

(2)找一幅黑白地形图图片,使用 ArcScan 进行矢量化。

第三节　GPS RTK 测量设备

RTK（real time kinematic）实时动态测量技术，是以载波相位观测为根据的实时差分 GPS（RTDGPS）技术，它是测量技术发展里程中的一个突破，它由基准站接收机、数据链、移动站接收机三部分组成（图 2 – 3 – 1）。

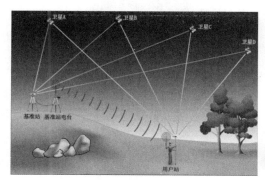 

图 2 – 3 – 1　GPS RTK 原理和设备示意

在已知高等级点上（基准站）安置 1 台 GPS 接收机作为参考站，对卫星进行连续观测，并将其观测数据和测站信息通过无线电传输设备实时地发送给移动站。

GPS 移动站接收机在接收 GPS 卫星信号的同时，通过无线接收设备接收基准站传输的数据，然后根据相对定位的原理，实时解算出移动站的三维坐标及其精度（即基准站和移动站坐标差 Δx、Δy、ΔH 加上基准坐标得到的每个点的 WGS – 84 坐标，通过坐标转换参数得出移动站每个点的平面坐标 x、y 和海拔高 H）。

图 2 – 3 – 1 右侧图是南方测绘 S86T GPS RTK 测量产品，既有内置的电台，又包含 GSM、CDMA、GPRS 模块，可以利用手机网络实现更远距离的测量作业。每个产品既可以做基准站，又可以做移动站，配套 S730 手簿（图 2 – 3 – 2），可以进行高效、稳定的测量作业。

南方测绘 S86T RTK 网络 1 + 1 操作流程如下：

一、架设基准站

（1）主机插入 SIM 卡，装入电池，开机。
（2）手簿打开工程之星，点击"配置""蓝牙管理器""搜索"。
（3）待搜索完成后，选择与基准站机身号一致的蓝牙，点击"连接""OK"。
（4）点击"配置""主机设置""仪器设置""主机模式设置""设置主机工

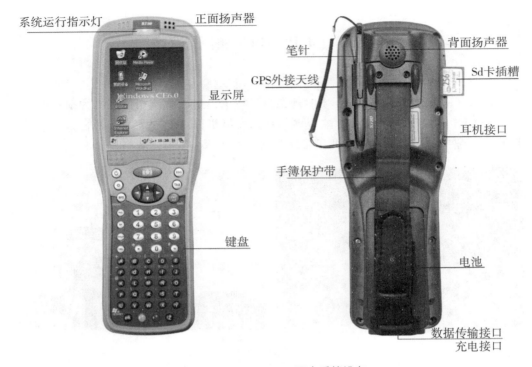

图 2-3-2　GPS RTK 配套手簿设备

作模式""下一步",选择"基站",再点击"确定"。

(5) 点击"主机模式设置""设置主机数据链""下一步",选择"网络""确定",再点击"确定"。

(6) 点击"配置""主机设置""网络设置""增加""名称"可以自己定义,"方式"选 EAGLE,"连接"选 GPRS/CDMA,"APN"填 cmnet,输入 IP 地址(219.135.151.184/189 或其他服务器地址)和对应的端口(2010/2018 或其他端口),用户和密码自己设置,接入点一般设为基准站主机机身号,方便识别,也可防止重复,设置完成后点击"确定""连接",GPGGA 数据上发成功后点击"确定"。

(7) 点击"配置""主机设置""仪器设置""基准站设置",格式设为RTCM32,获取基站坐标后,点击"启动基站",此时数据灯一秒一闪,表明基准站启动成功。

二、设置移动站

(1) 主机插入 SIM 卡,装入电池,开机。
(2) 手簿打开工程之星,点击"配置""蓝牙管理器""搜索"。

（3）待搜索完成后，选择与移动站机身号一致的蓝牙，点击"连接""OK"。

（4）点击"配置""主机设置""仪器设置""主机模式设置""设置主机工作模式""下一步"，选择"移动站"，点击"确定"。

（5）点击"主机模式设置""设置主机数据链""下一步"，选择"网络"，点击"确定"。

（6）点击"配置""主机设置""网络设置""增加"。根据基准站的设置，输入对应的 IP 地址（219.135.151.184/189 或其他服务器地址）、端口（2010/2018 或其他端口）、用户名、密码及接入点，点击"确定""连接"，GPGGA 数据上发成功后点击"确定"，移动站数据灯一秒一闪且达到固定解，表明移动站正常。

三、参数设置

（1）新建工程：固定解状态后，点击"工程""新建工程"，输入工程名（一般为当天日期，可随意设置），点击"确定"。

（2）天线高设置：点击"配置""工程设置"，在天线高那一栏输入正确的高度，并选中下面的杆高，设置完成后点击"确定"。

（3）坐标系统设置：点击"配置""坐标系统设置""增加"，输入参数系统名（随意设置），椭球名称按需要使用的选择，确认后点击，中央子午线按当地实际中央子午线输入，其他无需修改，确认后点击"OK"退出。

（4）求转换参数：首先点击"测量""点测量"，在已知点上采集并输入点名。依次采集两个已知点 A1、A2 的原始坐标，然后退出。点击"输入""求转换参数"，点击"增加"，输入 A1 点已知平面坐标，点击"确定""从坐标管理库选点"，选中刚刚测量的 A1 点，然后按同样的方法完成 A2 点的录入，点击"保存"，输入自定义文件名，查看水平和高程精度无误后点击"应用"，之后就可以将参数值赋给当前工程，转换完成后可以去第三个控制点 A3 上验证。

（5）单点校正：基准站每次重新启动，移动站都要进行单点校正，点击"输入""校正向导"，"基准站架设在未知点"移动站架设在已知控制点上，对应输入移动站已知平面坐标以及杆高，扶正以后点击"校正"，点击"确定"，即完成校正工作，校正完成以后，在另一个已知控制点上进行检核。

（6）测量：完成上述步骤以后即可进行点测量及放样工作。

思考和实验：

使用实验室提供的 GPS RTK 设备和全站仪设备，在校园内找一个区域，进行地形图测量。

第四节 网络地图数据抽取

网络地图上有丰富的道路、兴趣点和公交线路数据,网络地图提供商也提供了丰富的二次开发接口,我们可以按照需要从网络地图上抽取一些数据,节省教学和科研成本。

高德开放平台提供 2D、3D、卫星多种地图形式供开发者选择,无论基于哪种平台,都可以通过高德开放平台提供的 API 和 SDK 轻松地完成地图的构建工作。同时,我们还提供强大的地图再开发能力,全面的地图数据支持离线、在线两种使用方式,多种地图交互模式,满足各个场景下对地图的需求。

下面以高德地图(图 2-4-1)为例,使用 JavaScript 进行 POI 数据抽取的主要过程如下:

图 2-4-1 高德地图 API 官方网站

一、准备工作

编程环境:VisualStudio 2010 或其他的 HTML 编辑器。

数据库:使用的 MySQL 或其他数据库需要服务器支持,这里为了方便就使用 Access 访问,注意保存的数据库一定是 2003 版本。

浏览器：如果在 VS 下面调试，一定要使用 IE 浏览器。

二、了解高德地图的数据结构

使用的 JavaScript 代码 Alert 出 poiArr［I］对象的所有属性，为创建表格做准备（图 2-4-2）。

图 2-4-2　高德地图数据结构示意

三、建立数据库表

依据上面所得出的数据，在 MS Access 创建 2003 版本的 POI 表，字段有 ID（主键）、名称、类型、纬度、Lotitude、经度、地址和电话。为了方便，全部使用文本类型。

四、编写代码，调试运行

基于高德地图的 JavaScript API，编写 js 代码并运行，获取高德地图 POI 数据（具体代码从略，可参考 https：//lbs. amap. com/api/javascript – api/guide/abc/prepare，https：//blog. csdn. net/hailiannanhai/article/details/53894385 或其他网上资料）。

思考和实验：

使用高德地图 API，编写程序从高德地图里面抽取 POI、公交站点和线路等数据。

第五节　空间数据编辑

空间数据的编辑主要用来对输入的图形数据和属性数据进行检查、改错、更新及加工，以便得到净化的输入数据，并在此基础上生成拓扑关系，作为实现系统功能的基础。编辑过程是一个交互式的处理过程。用户根据所输入数据中存在的问题，向系统发出交互式命令，如删除一条线、插入一条线等，根据组成的交互任务实现对目标的编辑。

通常属性数据的编辑同数据库管理结合在一起，典型的功能包括删除数据、插入数据、添加数据、修改数据、移动数据、合并分割数据及复制数据等。图形数据的编辑分图形参数编辑及图形几何数据编辑，通常用可视化编辑修正。图形参数主要包括线型、线宽、线色、符号尺寸、符号颜色、面域图案及颜色等。图形几何数据的编辑内容较多，其中包括点的编辑、线的编辑、面的编辑甚至目标的编辑。点的编辑包括点的删除、点的移动、点的追加、点的拷贝等。线的编辑包括线的删除、线的移动、线的拷贝、线的追加、线的剪断、线的光滑及求平行线等。面域的编辑包括面的删除、面形状变化、面的插入等。由于空间数据的编辑包含着图形数据的编辑和属性数据的编辑，因此，编辑中还需要注意编辑后两者之间的正确配合。

为了满足空间数据编辑要求，GIS 软件都提供了丰富的编辑功能，下面以 ArcGIS Desktop10.5 为例，简单介绍常用的编辑功能。

1. 创建数据库

ArcGIS Desktop 包括 ArcMap、ArcCatalog、ArcScene、ArcGlobe 等几个相互独立，又相互支持的软件。ArcMap 是主要的空间数据编辑软件，ArcCatalog 负责数据管理，包括数据建库、转换和导入导出等功能。ArcScene 是数据三维可视化软件，而 ArcGlobe 是真三维数据编辑软件，可以进行三维量算和三维分析。

ArcGIS 的数据库模型是 Geodatabase，这是一种对象关系数据库，包括 Shapefiles、Personalgeodatabase、Filegeodatabase，以及和商业数据库结合的 ArcSDE 等几种存储模式，常用的是 Personalgeodatabase（个人数据库）。数据建库主要包括数据库创建，数据集（Featureclass）创建和及对应的属性字段设置等工作。主要步骤如下：

（1）使用操作系统文件资源管理器，在电脑的合适位置新建一个文件夹，如：d:\study。

（2）打开 ArcCatalog 软件，点击"连接文件夹"按钮，浏览到新建的文件夹并连接，该文件夹就会出现在"目录树"栏里面。

（3）右键点击连接的文件夹名称，会弹出右键菜单，将鼠标移到"新建"，再移到"个人地理数据库（Personalgeodatabase）"并点击，就新建了数据库，数据库是缺省名称，可以改为有意义的名称（图 2 - 5 - 1）。

（4）新建的数据库其实是文件夹，是一个容器，里面空空如也。右键点击它，选择"新建"功能，点击"新建要素类（Featureclass）"，按照向导，设置要素类的名称、类型（点、线或面）、坐标系（一般在投影坐标系里面选择一种，或从已有的数据集中导入坐标系）、容差。最后逐个设置属性字段，属性属性字段名称并为其指定数据类型，就完成了数据集的创建。

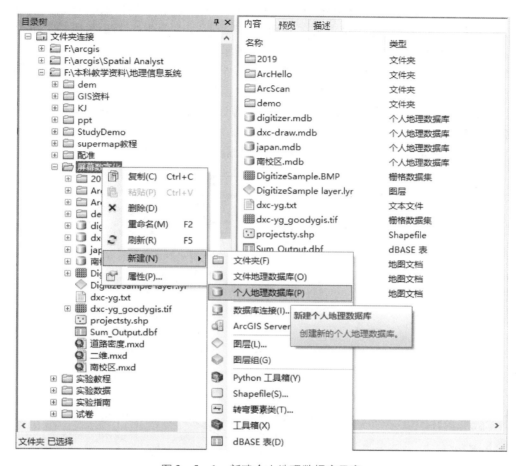

图 2-5-1　新建个人地理数据库示意

（5）重复第 4 步操作，创建所有的数据集，完成数据库创建。

2. 绘制空间对象

ArcGIS Desktop 包括 ArcMap、ArcCatalog、ArcScene、ArcGlobe 等几个相互独立，又相互支持的软件。ArcMap 是主要的空间数据编辑软件，ArcCatalog 负责数据管理，包括数据建库、转换和导入导出等功能。ArcScene 是数据三维可视化软件，而 ArcGlobe 是真三维数据编辑软件，可以进行三维量算和三维分析。

绘制空间对象在 ArcMap 里面完成，具体是使用编辑器（Editor）实现。编辑是一个简单事务过程，即有个开始编辑和结束编辑的节点，如果结束编辑时，不保存编辑内容，则所做的编辑取消，如果保存，才将编辑的内容存入数据库。绘制空间对象也是这样。

绘制某个对象时，首先将它所在的数据集添加到 ArcMap 里面，变成该数据集的图层，显示在"图层"栏里面。

然后，点击编辑器（如果编辑工具条没有显示，点击"编辑器工具条"使之显示出来），显示子菜单，再点击"开始编辑"，此时"创建要素"图层栏上部分会显示所有可编辑的图层，选择一个图层，下部分会有具体的图形绘制选项，如点图层有"点""线末端的点"选项，线图层有"线""矩形""椭圆"等选项，面图层的选项更多；选择之后，就可以在地图主窗口绘制对象（图 2-5-2），如果不选择，系统默认为图层的第一个选项，也可以绘制对象。如果要绘制另一种对象，点选对应的图层就可以了。

对象绘制完成后，点击"结束编辑"，根据提示保存结果。

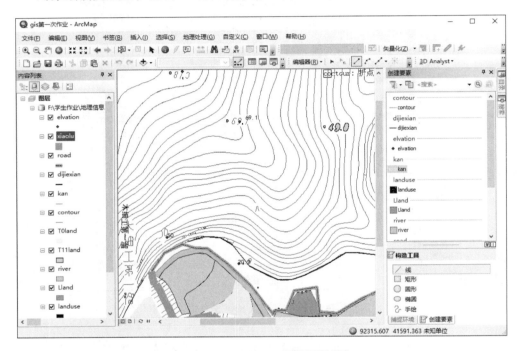

图 2-5-2　ArcMap 编辑界面示意

3. 编辑空间对象

绘制的空间对象可能有错误，需要对其编辑。另外，更多的空间数据是从第三方导入进来，这些数据一般会存在对象逻辑关系错误，如重叠、连接错误、形状错误等问题，需要进行编辑。ArcMap 提供了丰富的编辑功能，包含在编辑工具条和高级编辑工具条里面。其中，节点编辑是最基础也是最有用的功能，可以修正对象很多错误。下面以等高线节点编辑为例阐述编辑功能。

在图 2-5-3 左侧中，等高线断为 2 段，需要改正这个错误，把 2 段连接起来，合并为 1 条线。

首先，在编辑状态下（如果不是，点击编辑器→开始编辑进入编辑状态），点击"编辑工具"，弹出"编辑节点"工具条，进入节点编辑。

其次,双击左边等高线,显示其所有节点,然后拖动最右边节点(端点),匹配到右边等高线的左端点上,将 2 段等高线连接起来(图 2-5-4 右侧)。此时仍为 2 段等高线。

再次,按住键盘"Shift"键,同时选中 2 段等高线,然后点击编辑器→合并,将 2 段等高线合并为 1 条。

最后,右键点击该等高线,弹出右键菜单,点击"属性",打开属性窗口,编辑该对象的属性,完成后关闭属性窗口,完成编辑任务。

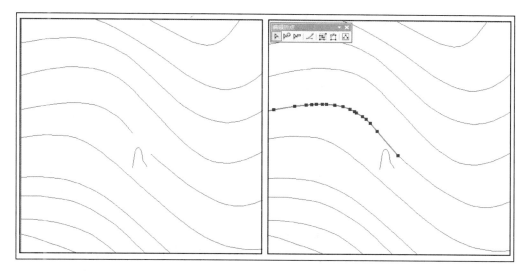

图 2-5-3　等高线节点编辑示意

4. 图层显示特征编辑

每种空间对象,ArcMap 都指定对应图层的显示特征,对于点图层,指定了符号和颜色,对于线图层,指定了线型、颜色,对于面图层(多边形),指定了线型、颜色和填充。学生可以点击对于图层的符号,显示对应的符号选择器窗口,可以在该窗口更改编辑图层的显示特征(图 2-5-5)。如果系统提供的符号不能满足要求,可以通过编辑符号自定义符号。

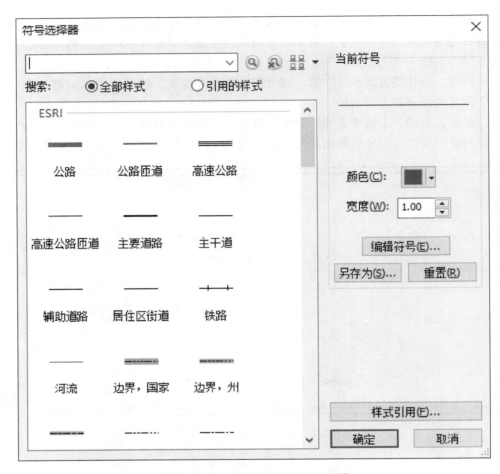

图 2-5-5　等高线图层符号编辑器

思考和实验：

对屏幕数字化的结果，特别是 ArcScan 自动数字化的结果进行编辑。

第三章 地图投影和坐标系

地图投影（图3-1-1）是利用一定数学法则，把地球表面的任意点转换到地图平面上的理论和方法。就是指建立地球表面（或其他星球表面或天球面）上的点与投影平面（即地图平面）上点之间的一一对应关系的方法，即建立之间的数学转换公式。地图投影作为一个不可展平的曲面即地球表面投影到一个平面的基本方法，保证了空间信息在区域上的联系与完整。这个投影过程将产生投影变形，而且不同的投影方法具有不同性质和大小的投影变形。

由于投影的变形，地图上所表示的地物，如大陆、岛屿、海洋等的几何特性（长度、面积、角度、形状）也随之发生变形。每一幅地图都有不同程度的变形；在同一幅地图上，不同地区的变形情况也不相同；地图上表示的范围越大，离投影标准经纬线或投影中心的距离越长，地图反映的变形也越大。因此，大范围的小比例尺地图只能供了解地表现象的分布概况使用，而不能用于精确的量测和计算。地图投影的实质就是将地球椭球面上的地理坐标转化为平面直角坐标。用某种投影条件将投影球面上的地理坐标点一一投影到平面坐标系内，以构成某种地图投影。

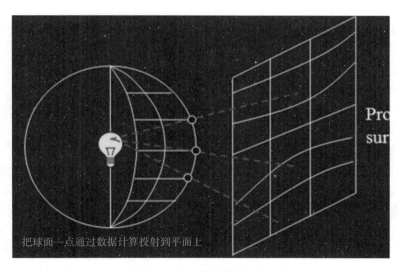

图3-1-1 地图投影示意

第一节　地图投影类型

最早使用投影法绘制地图的是公元前3世纪古希腊地理学家埃拉托色尼。在这之前地图投影曾用来编制天体图（不过天体图的投影是从天球投影到平面，而不是地球；但两者原理相同）。埃拉托色尼在编制以地中海为中心的当时已知世界地图时，应用了经纬线互相垂直的等距离圆柱投影。1569年，比利时的地图学家墨卡托首次采用正轴等角圆柱投影编制航海图，使航海者可以不转换罗盘方向，而采用大圆直线导航。卡西尼父子设计的用于三角测量的投影及兰勃特提出的等角投影理论和设计出的等角圆锥、等面积方位和等面积圆柱投影，使得17—18世纪的地图投影具有了时代的特点。19世纪，地图投影主要保证大比例尺地图的数学基础，以适应军事制图发展和地形测量扩大的需要。19世纪还出现了高斯投影，它是德国高斯设计提出的横轴等角椭圆柱投影，这种投影法经德国克吕格尔加以补充，成为高斯-克吕格尔投影。19世纪末期以后俄国一些学者对投影做了较深入的研究，对圆锥投影常数的确定提出了新见解，又提出了根据已知变形分布推求新投影和利用数值法求出投影坐标的新方法。20世纪50年代以来，中国提出了双重方位投影、双标准经线等角圆柱投影等新方法。20世纪60年代以来，美国学者对地图投影的研究结果，提出空间投影、变比例尺地图投影和多交点地图投影，为人造地球卫星等提供了所需的投影。

根据正轴投影时经纬网的形状分类：

1. 几何投影

利用透视的关系，将地球体面上的经纬网投影到平面上或可展位平面的圆柱面和圆锥面等几何面上。分以下四种（图3-1-2）：

（1）平面投影（plane projection），又称方位投影，将地球表面上的经、纬线投影到与球面相切或相割的平面上去的投影方法；平面投影大都是透视投影，即以某一点为视点，将球面上的图像直接投影到投影面上去。

（2）圆锥投影（conical projection），用一个圆锥面相切或相割于地面的纬度圈，圆锥轴与地轴重合，然后以球心为视点，将地面上的经、纬线投影到圆锥面上，再沿圆锥母线切开展成平面。性质：地图上纬线为同心圆弧，经线为相交于地极的直线。

（3）圆柱投影（cylindrical projection），用一圆柱筒套在地球上，圆柱轴通过球心，并与地球表面相切或相割，将地面上的经线、纬线均匀地投影到圆柱筒上，然后沿着圆柱母线切开展平，即成为圆柱投影图网。

（4）多圆锥投影：投影中纬线为同轴圆圆弧，而经线为对称中央直径线的曲线。

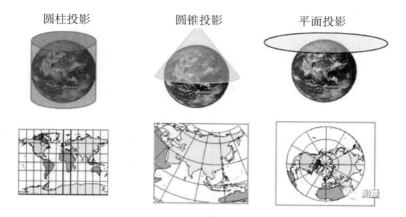

图 3-1-2 几何投影示意

2. 条件投影（非几何投影）

如图 3-1-3 所示。

（1）伪方位投影，在正轴情况下，伪方位投影的纬线仍投影为同心圆，除中央经线投影成直线外，其余经线均投影成对称于中央经线的曲线，且交于纬线的共同圆心。

（2）伪圆柱投影，在圆柱投影的基础上，规定纬线仍为同心圆弧，除中央经线仍为直线外，其余经线则投影成对称于中央经线的曲线。

（3）伪圆锥投影，投影中纬线为同心圆圆弧，经线为交于圆心的曲线。

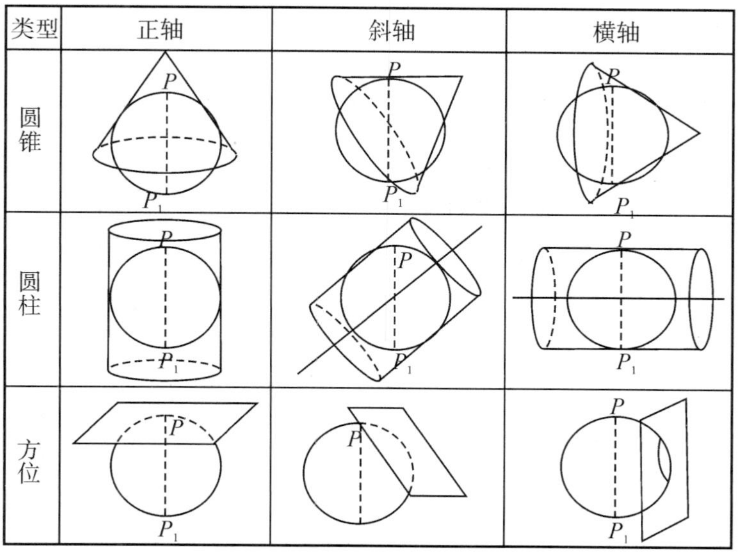

类型	正轴	斜轴	横轴
圆锥			
圆柱			
方位			

图 3-1-3 地图投影类型示意

第二节 高斯-克吕格投影

高斯-克吕格投影是由德国数学家、物理学家、天文学家高斯于19世纪20年代拟定,后经德国大地测量学家克吕格于1912年对投影公式加以补充,故称为高斯-克吕格投影,又名"等角横切椭圆柱投影",是地球椭球面和平面间正形投影的一种。

1. 高斯投影

高斯-克吕格投影这一投影的几何概念是,假想有一个椭圆柱与地球椭球体上某一经线相切,其椭圆柱的中心轴与赤道平面重合,将地球椭球体面有条件地投影到椭球圆柱面上高斯-克吕格投影条件:①中央经线和赤道投影为互相垂直的直线,且为投影的对称轴;②具有等角投影的性质;③中央经线投影后保持长度不变。

如图3-2-1所示,假想有一个椭圆柱面横套在地球椭球体外面,并与某一条子午线(此子午线称为中央子午线或轴子午线)相切,椭圆柱的中心轴通过椭球体中心,然后用一定投影方法,将中央子午线两侧各一定经差范围内的地区投影到椭圆柱面上,再将此柱面展开即成为投影面,如图3-2-2所示,此投影为高斯投影。高斯投影是正形投影的一种。

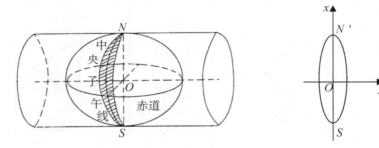

图3-2-1 高斯投影示意

2. 分带投影

高斯投影6°带:自0°子午线起每隔经差6°自西向东分带,依次编号1,2,3,…。我国6°带中央子午线的经度,由69°起每隔6°而至135°,共计12带(12~23带),带号用N表示,中央子午线的经度用$L0$(图3-2-2)表示,它们的关系是:$L0=6n-3$。

高斯投影3°带:它的中央子午线一部分同6°带中央子午线重合,一部分同6°

带的分界子午线重合，如用 n 表示 3°带的带号，表示带中央子午线经度，它们的关系如图 3-2-2 所示。我国带共计 22 带（24～45 带）。

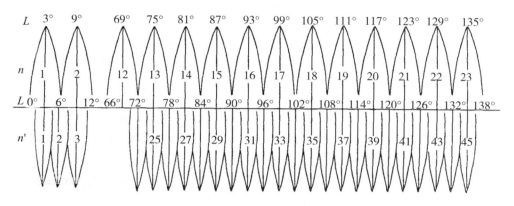

图 3-2-2 高斯投影分带示意

在投影面上，中央子午线和赤道的投影都是直线，并且以中央子午线和赤道的交点 O 作为坐标原点，以中央子午线的投影为横坐标 x 轴，以赤道的投影为纵坐标 y 轴。

在我国 x 坐标都是正的，y 坐标的最大值（在赤道上，6°带）约为 330 km。为了避免出现负的横坐标，可在横坐标上加上 500000 m。此外，还应在坐标前面再冠以带号。这种坐标称为国家统一坐标（图 3-2-3）。

例如，有一点 $y=19623456.789$ m，该点位在 19 带内，位于中央子午线以东，其相对于中央子午线而言的横坐标则是：首先去掉带号，再减去 500000 m，最后得 123456.789 m。

3. 高斯平面投影的特点

（1）中央子午线无变形。
（2）无角度变形，图形保持相似。
（3）离中央子午线越远，变形越大。

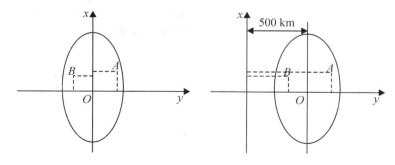

图 3-2-3 高斯投影坐标定义示意

第三节 墨卡托投影

Google Maps、Virtual Earth 等网络地理所使用的地图投影，常被称作 Web Mercator 或 Spherical Mercator，它与常规墨卡托投影的主要区别就是把地球模拟为球体而非椭球体。

墨卡托（Mercator）投影（图 3-3-1），又名"等角正轴圆柱投影"（图 3-3-1），由荷兰地图学家墨卡托（Mercator）于 1569 年拟定，假设地球被围在一个中空的圆柱里，其赤道与圆柱相接触，然后再假想地球中心有一盏灯，把球面上的图形投影到圆柱体上，再把圆柱体展开，这就是一幅标准纬线为零度（即赤道）的"墨卡托投影"绘制出的世界地图。从球到平面，有个转换公式，这里就不再罗列。

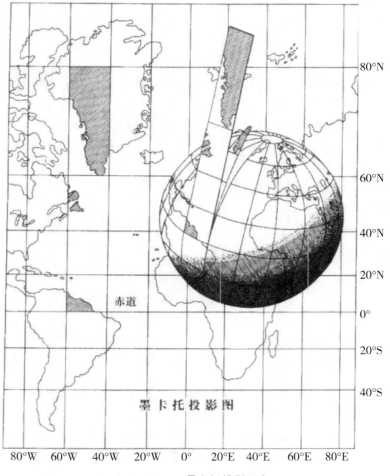

图 3-3-1 墨卡托投影示意

墨卡托投影的"等角"特性，保证了对象的形状不变形，正方形的物体投影后不会变为长方形。"等角"也保证了方向和相互位置的正确性，因此在航海和航空中常常应用，而 Google 在计算人们查询地物的方向时不会出错。

墨卡托投影的"圆柱"特性，保证了南北（纬线）和东西（经线）都是平行直线且相互垂直，而且经线间隔是相同的，纬线间隔从标准纬线（此处是赤道，也可能是其他纬线）向两极逐渐增大。

但是，"等角"不可避免地带来面积的巨大变形，特别是两极地区，明显的如格陵兰岛比实际面积扩大了 n 倍。不过，要是去两极地区探险或科考的同志们一般有更详细的资料，不需查看网络地图，这个不要紧。

为什么是圆形球体，而非椭球体？这说来简单，仅仅是由于实现的方便和计算上的简单，精度理论上差别在 0.33% 之内，特别是比例尺越大、地物更详细的时候，差别基本可以忽略。

一、Web 墨卡托投影坐标系

Web 墨卡托投影坐标系是以整个世界范围，以赤道作为标准纬线，以本初子午线作为中央经线，两者交点为坐标原点，向东向北为正，向西向南为负。

X 轴：由于赤道半径为 6378137 m，则赤道周长为 $2*PI*r = 2 \times 20037508.3427892$，因此 X 轴的取值范围：[- 20037508.3427892，20037508.3427892]。

Y 轴：由墨卡托投影的公式可知，同时图 3 - 3 - 1 也有示意，当纬度 φ 接近两极，即 90°时，y 值趋向于无穷。这时那些"懒惰的工程师"就把 Y 轴的取值范围也限定在 [- 20037508.3427892，20037508.3427892] 之间，弄正方形。

懒人的好处，众所周知，事先切好静态图片，提高访问效率云云。因此，在投影坐标系（m）下的范围是：最小（ - 20037508.3427892， - 20037508.3427892）到最大（20037508.3427892，20037508.3427892）。

二、对应的地理坐标系

按道理，先讲地理坐标系才是，比如，球体还是椭球体，是地理坐标系的事情，和墨卡托投影本身关联不大。简单来说，投影坐标系（PROJCS）是平面坐标系，以 m 为单位；而地理坐标系（GEOGCS）是椭球面坐标系，以经纬度为单位。具体可参考《坐标系、坐标参照系、坐标变换、投影变换》。

经度：这边没问题，可取全球范围：[- 180，180]。

纬度：上面已知，纬度不可能到达 90°，懒人们为了正方形而取 - 20037508.3427892，经过反计算，可得到纬度 85.05112877980659。因此，纬度取值范围是 [- 85.05112877980659，85.05112877980659]。其余的地区怎么办？

没事,企鹅们不在乎。

因此,地理坐标系(经纬度)对应的范围是:最小(-180,-85.05112877980659),最大(180,85.05112877980659)。至于其中的Datum、坐标转换等此处不再赘述。

第四节 网络地图坐标系

目前比较常见的互联网地图的坐标系主要有这样几种:GCJ-02、BD-09、WGS-84、CGCS2000。

1. WGS-84

WGS-84,原始坐标体系。主要有Google Earth在用(图3-4-1)。

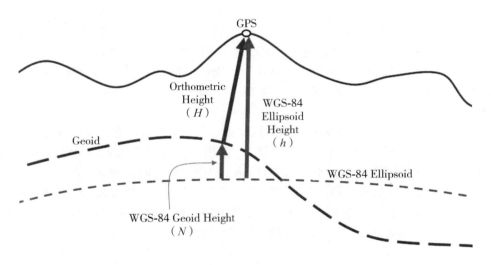

图3-4-1 WGS-84椭球面和大地水准面关系示意

原点是地球的质心,空间直角坐标系的z轴指向BIH(1984.0)定义的地极(CTP)方向,即国际协议原点CIO,它由IAU和IUGG共同推荐。x轴指向BIH定义的零度子午面和CTP赤道的交点,y轴和z、x轴构成右手坐标系。WGS-84椭球采用国际大地测量与地球物理联合会第17届大会测量常数推荐值,采用的两个常用基本几何参数。

WGS-84是修正NSWC9Z-2参考系的原点和尺度变化,并旋转其参考子午面与BIH定义的零度子午面一致而得到的一个新参考系,WGS-84坐标系的原点在地球质心,z轴指向BIH1984.0定义的协定地球极(CTP)方向,x轴指向

BIH1984.0 的零度子午面和 CTP 赤道的交点，y 轴和 z 轴、x 轴构成右手坐标系。它是一个地固（地心固连）坐标系。

2. 其他网络地图坐标系

GCJ – 02 是由国测局制定的互联网地图坐标系，又叫火星坐标，最常见的互联网地图坐标系，在中国能见到的互联网地图基本都是这种坐标系，比如高德地图、腾讯地图、百度地图、Google 地图（中国范围）。

BD – 09 是百度地图独有的坐标系，是在 GCJ – 02 的基础之上进行二次加密的地图坐标，比 GCJ – 02 坐标偏了几百米的样子。

CGCS2000 是国家 2000 坐标系，是一个地心坐标系，目前应该就只有天地图在用了，所以目前的互联网地图就只有天地图使用的是真实坐标，其他都是使用的加密坐标。

CGCS2000、WGS-84 都是地心坐标系，地心与参心不同，参心坐标系是以参考椭球为基准建立的坐标系，不同的国家有着自己的参考椭球标准，所以会存在一些差异性，而地心坐标系是以地球的质量中心为基准建立的坐标系统，所以，2000 与 84 基本是重合的，只有高程基准面会存在差异，天地图的定位 API 就是直接读取的手机 GPS 坐标，不加密直接显示到地图上。

思考和实验：

不同坐标系的转换算法有哪些？

第四章　数据结构与模型

空间数据结构是指空间数据以什么形式在计算机中的存储和管理。在地理信息系统中，常用的空间数据结构有矢量数据结构和栅格数据结构两种。矢量数据结构是利用几何学中的点、线、面及其组合体来表示地理实体空间分布的一种数据组织方式。栅格数据结构是最简单、最直接的空间数据结构，是指将地球表面划分为大小均匀紧密相邻的网格阵列，每个网格作为一个像元或像素由行、列定义，每个像元的位置由行列号确定，通过单元格中的值表示这一位置地物或现象的非几何属性特征（如高程、温度等）。

栅格数据可以是数字航空相片、卫星影像、数字高程模型、数字正射影像或扫描的地图。栅格数据多应用于大范围小比例尺的自然资源、环境、农林业等区域问题的研究。最常见的矢量数据包括点数据、线数据、面数据，多应用于城市分区或详细规划、土地管理、公用事业管理等方面。

第一节　栅格数据结构

栅格数据结构是将一个平面空间进行行和列的规则划分，形成有规律的网格，即像元矩阵，像元是栅格数据最基本的信息存储单元，每个像元都有给定的属性值来表示地理实体或现实世界的某种现象（图 4-1-1）。

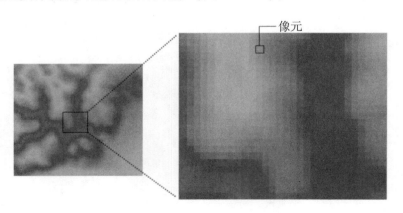

图 4-1-1　栅格数据示意

跟栅格数据相关的一些基本概念有以下十点：

（1）像元/像素。像元和像素都是栅格数据中的最小组成单位。像素通常会作为像元的同义词使用，像素是图像元素的简称，通常用于描述影像数据，而像元则通常用于描述栅格数据。

（2）像元值。在栅格数据集中，每个像元（像素）都有一个值。一个像元具有一个属性值，而像元都具有一定的空间分辨率，即对应着地表的一定范围的区域，因而像元值代表的是像元所覆盖的区域占主导的要素或现象。比如，卫星影像和航空相片中的光谱值反映了光在某个波段的反射率；DEM 栅格的高程值表示平均海平面之上的地表高程，由 DEM 栅格生成的坡度图、坡向图和流域图的像元值分别代表了其坡度、坡向和流域属性；土地利用分类图中的类别值如耕地、林地、草地等；还可以表示降水量、污染物浓度、距离等数量值。另外，像元值可以是整数，也可以是浮点数。

（3）行和列。栅格在 x 轴方向上的一组像元构成了一行；同样，y 轴方向上的一组像元构成了一列。栅格数据中每个像元都有唯一的行列坐标。

（4）分辨率。栅格数据中涉及多种分辨率，如遥感影像的空间分辨率、光谱分辨率、时间分辨率、辐射分辨率。

（5）空间分辨率。空间分辨率也称为像元大小，是单个像元所表示的地面上覆盖的区域的尺寸，单位为 m 或 km。例如，美国 QuickBird 商业卫星影像一个像元相当于地面面积 $0.61 \text{ m} \times 0.61 \text{ m}$，其空间分辨率为 0.61 m；Landsat/TM 多波段影像一个像元约覆盖地面面积 $28.5 \text{ m} \times 28.5 \text{ m}$，其空间分辨率 28.5 m。

表示地表同样大小的面积时，高空间分辨率的影像要比低空间分辨率的影像所需的像元数要多，即像元大小比较小的栅格需要更多的行和列来表示，从而可以显示出地表的更多信息和细节。因而，空间分辨率越高，所存储的地表的细节越多，所需的存储空间也就越大，同时数据处理的时间更长；相反，空间分辨率越低，反映的地表信息越粗糙，但存储空间较小，而且处理速度很快。所以，在选择像元大小，即空间分辨率时，要兼顾实际应用对信息详细程度的要求以及对存储和数据处理时的处理时间和速度的需求。

（6）光谱分辨率。是指成像的波段范围，分得越细波段越多，光谱分辨率就越高。一般来说，传感器的波段数越多，波段宽度越窄，地面物体的信息越容易区分和识别。

（7）时间分辨率。是指同一区域进行相邻的两次遥感观测的最小时间间隔。时间间隔大，时间分辨率就低；反之，时间间隔小，时间分辨率就高。

（8）辐射分辨。是指传感器能分辨的目标反射或辐射的电磁辐射强度的最小变化量。描述传感器在电磁光谱的同一部分中对所查看对象的分辨能力。

（9）波段。是指具有确定波长的电磁波，在遥感技术中常用的波段有可见光波段、近红外波段、中红外波段、热红外波段、远红外波段。影像数据可分为单波段影像和多波段影像两种，单波段影像一般用黑白色的灰度图来描述，多波段多用

RGB 合成的彩色图来描述（图 4-1-2）。可以使用多波段栅格数据集中的任意 3 个可用波段的组合来创建 RGB 合成图，如图 4-1-2 所示。数字高程模型（DEM）即是一个单波段栅格数据集的示例，还有一种有时被称为全色图像或灰度图像的单波段正射影像，多数卫星影像都具有多个波段，通常包含电磁光谱某个范围或波段内的值。

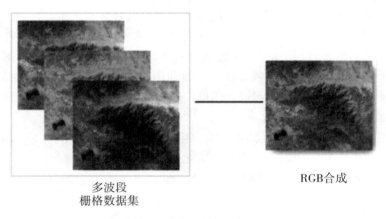

图 4-1-2　多波段栅格数据合成示意

（10）影像金字塔。为减小影像的传输数据量和优化显示性能，有时需要为影像建立影像金字塔。影像金字塔是按照一定规则生成的一系列分辨率由细到粗的图像的集合（图 4-1-3）。影像金字塔技术通过影像重采样方法，建立一系列不同分辨率的影像图层，每个图层分割存储，并建立相应的空间索引机制，从而提高缩放浏览影像时的显示速度。如图 4-1-3 所示的影像金字塔，底部是影像的原始最高分辨率的表示，为 512×512 图像分辨率，越往上的影像的分辨率越小，分别为 256×256、128×128，顶部是影像金字塔的最低分辨率的图像 64×64，因此，这个影像金字塔共有 4 层，即 4 个等级的分辨率。显然影像的图像分辨率越高，影像金字塔的等级越多。对于图像分辨率为 2a×2b 的（a>b）影像，SuperMap 中将会为其建立（b-6）+1 层的金字塔。

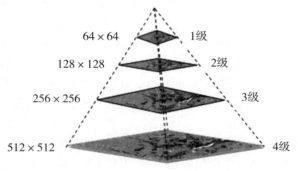

图 4-1-3　影像金字塔结构

建立了影像金字塔之后,以后每次浏览该影像时,系统都会获取其影像金字塔来显示数据,当用户将影像放大或缩小时,系统会自动基于用户的显示比例尺选择最合适的金字塔等级来显示该影像。

第二节 矢量数据结构

矢量数据结构(图4-2-1)是通过记录空间对象的坐标及空间关系,尽可能精确地表现点、线、多边形等地理实体的空间位置。在矢量数据结构中,点数据可直接用坐标值描述;线数据可用均匀或不均匀间隔的顺序坐标链来描述;面数据可由多个弧段组成的封闭多边形表达。

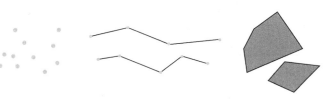

图4-2-1 矢量数据

矢量数据结构是利用欧几里得集合学中的点、线、面及其组合体来表示地理试题空间分布的一种数据组织方式。这种数据组织方式能最好地逼近地理实体的空间分布特征,数据精度高,数据存储的冗余度低,便于进行地理实体的网络分析,但对于多层空间数据的叠加分析比较困难。

第三节 SuperMap 数据模型

SuperMap SDX+是 SuperMap GIS 平台中的空间数据引擎模块,为平台中的其他模块(可视化模块、空间分析模块等)提供数据支持,通过它来提供数据的存储、读取、索引和更改的功能。图4-3-1以空间数据库为例描述了空间数据引擎的工作机制。

SuperMap SDX+提供了全面的空间对象类型的支持,既支持传统的点、线、面类型的空间对象,也支持文本对象(Text)、复合对象(CAD)、拓扑模型(TOPO)、网络模型(Network)、路由模型(Route)、三角格网模型(TIN)、数字高程模型(DEM)、格网数据(Grid)和影像数据(Image)等复杂数据模型。如图4-3-2所示。

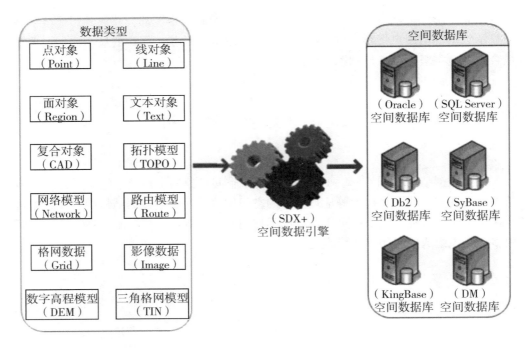

图 4-3-1　空间数据库

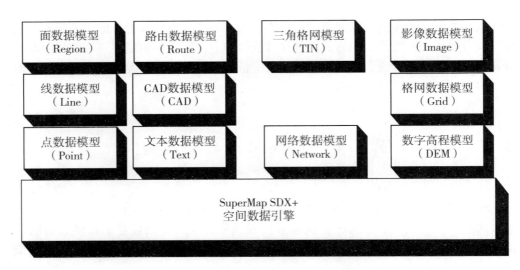

图 4-3-2　SuperMap 空间数据引擎

（1）点数据模型（Point）（图 4-3-3）。点是零维形状的，存储为单个的带有属性值的 x、y 坐标对。用来表达在某种比例尺下很小但不能描述为线或面对象的地理要素。

图 4-3-3 点数据模型

（2）线数据模型（Line）（图 4-3-4）。线是一维形状的，存储为一系列有序的带有属性值的 x、y 坐标对。线数据模型允许有线复杂对象。线的形状可以是直线、折线、圆、椭圆或旋转线等，其中圆、椭圆、圆弧等是转化为折线存储的。线数据模型用来表达在某种比例尺下不能够描述为面的线状地理要素。当我们只关注这些地理要素的走向、长度等一维信息而不考虑其宽度和面积时，都可以用线数据模型来描述，例如，作为省界的河流、小比例尺的城市道路等。

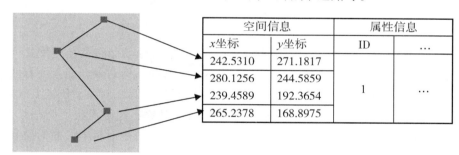

图 4-3-4 线数据模型

（3）面数据模型（Region）（图 4-3-5）。面是二维形状的，存储为一系列有序的带有属性值的 x、y 坐标对，最后一个点的 x、y 坐标必须与第一个点的 x、y 坐标相同。用来描述由一系列线段围绕而成的一个封闭的具有一定面积的地理要素。例如，行政图中的省就会用面数据模型来表示，或者河流在大比例尺中也会用面数据模型来表示。

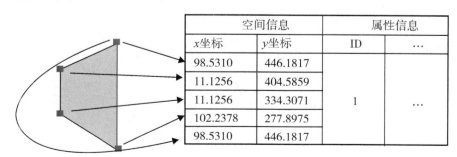

图 4-3-5 面数据模型

(4) 文本（Text）（图 4-3-6）。存储为两部分，第一部分为带有属性值的 x、y 坐标对（称为文本的定位点，及文本最小外接矩形的左上角点）；第二部分为文本属性，包括内容、字体、字号、字高、字宽是否粗体、旋转角度、字体颜色、背景透明，固定大小等，如图 4-3-6 所示。

空间信息		属性信息	文本信息							
x 坐标	y 坐标	ID	字体	宋体	旋转角度	0.0	下划线	F	轮廓	F
13.22	25.65	1	字号	17.8	文本内容	北京超图	删除线	F	阴影	F
			字高	63	背景透明	F	前景色		斜体	F
			字宽	32	固定大小	F	背景色			
			加粗	F	子对象		第一个子对象			

图 4-3-6　文本数据模型

(5) CAD（复合）数据模型（图 4-3-7）。是指可以存储多种类型几何对象的数据模型。可以存储点、线、面、文本等不同类型的几何对象，而且所有的对象都可以拥有自己的风格。目前，在 CAD 中支持的对象为圆弧对象、B 样条线对象、Cardinal 样条对象、圆对象、复合对象、Curve 曲线对象、椭圆对象、椭圆弧对象、线对象、路由对象、扇面对象、点对象、矩形对象、圆角矩形对象、面对象和文本对象。

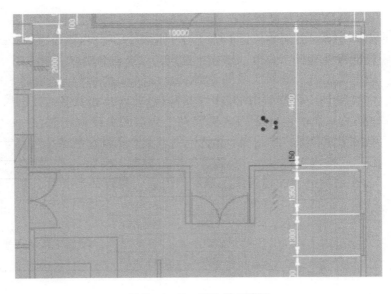

图 4-3-7　CAD 数据模型

（6）路由数据模型（Route）。交通部门一般用线性参考系来确定沿线道路、河流和管线等运输路径的事件（如事故、限速）和设施（如桥梁、交叉口）。线性参照系从已知点（如路径的起点、里程碑标记或道路交叉口）用距离测量来确定事件的位置。例如，事故位置的地址包括路名和离开里程碑标志的距离。

SuperMap GIS 提供了路由数据模型来描述交通部门中的线性参考系下的线，如图 4-3-8 所示。

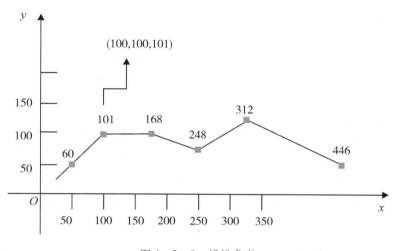

图 4-3-8　线性参考

路由数据模型存储为一系列有序的带有属性值与 M 值的 x、y 坐标对，其中 M 值为该结点的距离属性（到已知点的距离），如图 4-3-9 所示。路由数据模型实际就是带 M 值的线性数据模型。最常见的路由数据模型，如高速公路上的里程碑，交通管制部门经常使用高速公路上的里程碑来标注并管理高速公路的路况、车辆的行驶限速和高速事故点等。基于路由数据模型，可以利用动态分段功能进行动态事件定位，即根据指定条件来定位点事件（如事故点、桥梁等）或者线事件（如限速路段、路况等）。

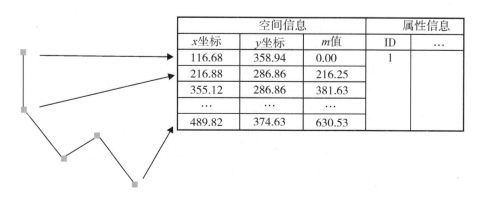

图 4-3-9　路由数据模型

（7）网络数据模型（Network）。用于存储具有网络拓扑关系的数据模型。网络数据模型包括网络线数据集和网络结点数据集，还包括两种对象之间的空间拓扑关系。在网络数据集中，网络结点存储为子数据集。网络数据模型及物理存储如图4-3-10所示：

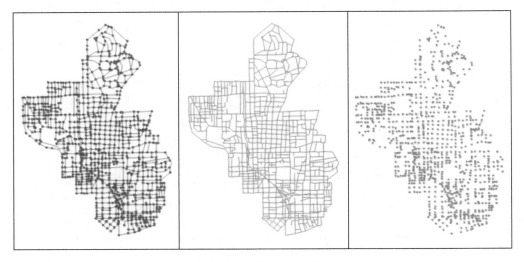

图4-3-10　网络数据模型

基于网络数据模型，可以进行路径分析、服务区分析、最近设施查找、资源分配、选址分区以及邻接点、通达点分析等多种网络分析中，多用于政府和商业决策等。

（8）Grid数据模型。是栅格数据模型的一种，将一个平面空间进行行和列的规则划分，形成有规律的网格，每个网格称为一个单元格（或像元），栅格数据模型实际就是单元格的矩阵，一般每个单元格都有确定的值来表示地理实体或地理现象，如土壤类型、土地利用类型、岩层深度等，对于数据缺失的单元格，通常用NoData或者一个固定的特殊值来表示，比如-9999等。如图4-3-11所示为土地利用类型图像：

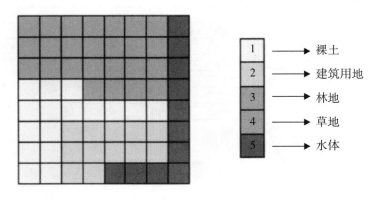

图4-3-11　Grid数据模型

基于 Grid 数据模型可以进行栅格数据统计、代数运算等以数学分析和图形处理为主的计算，应用最广的栅格分析为物理意义很明显的空间分析，如针对栅格地形表面的分析、基于地形表面的水文分析、地形特征线的提取、地形表面建模等在科学研究工作常用的分析计算。

（9）影像数据模型（Image）（图 4-3-12）。是由卫星或飞机上的成像系统获得的栅格数据模型，每个网格的值为光在某个波段的反射率。根据地球表面的影像数据可以分析地球表面的土地利用、植被生长情况，也可以进行矿产分布分析，或者根据地球大气层的云图来分析气象情况等。

影像根据波段的多少可以分为单波段影像和多波段影像两种，单波段影像一般用黑白色的灰度图来描述，多波段多用 RGB 合成的彩色图来描述。

图 4-3-12　影像数据模型

影像数据一般比较大，SuperMap 在进行数据导入的时候，建议先进行压缩。SuperMap GIS 影像压缩通常采用 DCT（discrete cosine transform）编码。DCT 为离散余弦编码，是一种广泛应用于图像压缩中的变换编码方法，该方法有很高的压缩率和性能，但编码是有失真的。由于影像数据集一般不用来进行精确的分析，所以推荐采用 DCT 编码方式。

如果为影像数据创建影像金字塔，则可以大大提高数据的浏览速度。影像金字塔是栅格数据集一系列简化分辨率图像的集合，通过影像重采样方法，建立一系列不同分辨率的影像图层，每个图层分割存储，并建立相应的空间索引机制，从而提高缩放浏览影像时的显示速度。

第四节　ArcGIS 数据模型

地理数据库（geodatabase）技术一直以来都是 ArcGIS 的基础技术。为充分使用 ArcGIS 的全部功能则需要把数据存储在地理数据库当中。地理数据库是一个综合性的信息模型，它可以支持存储几乎任意类型的数据，例如，矢量数据、属性、影像、地形和 3D 对象。存储这些类型的数据时，还可以定义它们的行为，例如，子类、域、属性规则、连接规则、拓扑规则，从而可以保证数据的完整性。

从最初级的层次上讲，ArcGIS Geodatabase（图 4-4-1）即是存放在同一位置的各类型地理数据集的集合，存放位置可以是同一系统文件夹，同一微软 Access 数据库或者同一个多用户关系型数据库管理系统（DBMS，例如，Oracle、Microsoft SQL Server、Postgre SQL、Informix、Netezza，或者 IBM DB2、达梦数据库）。Geodatabase 的规模各异，小至基于文件构建的单用户数据库，大至可被多人访问的工作组级、部门级和企业级地理数据库。

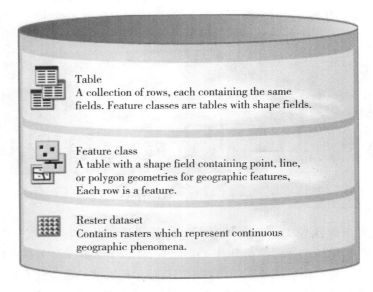

图 4-4-1 ArcGIS 数据模型

地理数据库的一个关键概念就是数据集。数据集是 ArcGIS 中用于组织和运用地理信息的主要途径。地理数据库中包含 3 种主要的数据集类型：要素类、要素数据集、属性表。

要素类是具有相同空间制图表达（如点、线或多边形）和一组通用属性列（字段）的常用要素的同类集合，例如，表示道路中心线的线要素类。地理数据库中最常用的 4 个要素类分别是点、线、多边形和注记（地图文本的地理数据库名称）。

要素数据集是共用一个通用坐标系的相关要素类的集合。要素数据集用于按空间或主题整合相关要素类。它们的主要用途是，将相关要素类编排成一个公用数据集，用以构建拓扑、几何网络、关系类或地形数据集。

地理数据库是用于保存数据集集合的"容器"，它有以下 6 种类型：

（1）文件地理数据库。在文件系统中以文件夹形式存储。每个数据集作为一个文件进行存储，该文件大小可扩展至 1 TB（还可以选择将文件地理数据库配置为存储更大的数据集）。文件地理数据库可跨平台使用，还可以进行压缩和加密，以供只读和安全使用。

（2）个人地理数据库。所有的数据集都存储于 Microsoft Access 数据文件内，该数据文件的大小最大为 2 GB。整个个人地理数据库的存储大小被有效地限制为介于 250 MB 和 500 MB 之间，并且只在 Windows 上提供支持。

（3）ArcSDE 地理数据库。使用 Oracle、Microsoft SQL Server、IBM DB2、IBM Informix、Netezza、Dameng（10.4 版本开始支持 Dameng）或 Postgre SQL（10.2 版本开始支持 Postgre SQL 9.2）存储于关系数据库中。这些多用户地理数据库需要使用 ArcSDE，在大小和用户数量方面没有限制。如果想要在地理数据库中使用历史存档、复制数据、使用 SQL 访问简单数据或在不锁定的情况下同时编辑数据，则需要使用 ArcSDE 地理数据库。

（4）ArcGIS 10.5 新增云存贮支持的类型：①亚马逊云服务存储（Amazon Web Services storage）；②微软云服务存储（Microsoft Azure storage）。

（5）大数据文件共享，大数据文件共享是专门为 ArcGIS GeoAnalytics 服务器提供大数据分析数据的存储，大数据共享文件包括 3 种类型：① File share—A directory of datasets；② HDFS—An HDFS（Hadoop Distributed File System）directory of datasets；③ Hive—Metastore databases。

（6）ArcGIS Data Store：ArcGIS Data Store 是一个独立的应用程序，主要用于托管 Portal for ArcGIS 的数据图层，是新一代的 Web GIS 系统的数据存储部分。如图 4-4-2 所示。

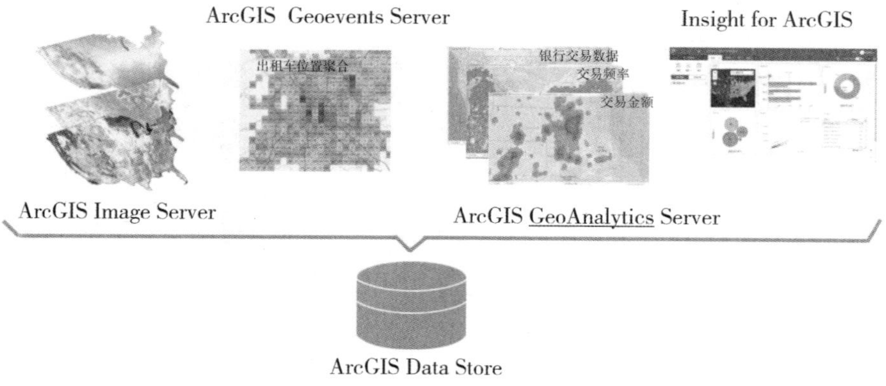

图 4-4-2　ArcGIS Data Store

ArcGIS Data Store 给 Web GIS 平台带来了新的功能的数据支持。随着大数据时代的来临，单一的数据库已经不能满足现代业务的种种需求，多数据库混合已经成为新趋势。ArcGIS Data Store 有 3 个类型，满足了不同数据类型的需求、不同的应用场景、不同的数据模型，采用专门的数据库类型，比如，大量的托管服务、三维、矢量大数据分析、实时时空大数据分析以及 Insights for ArcGIS 等就用到的 ArcGIS Data Store 不同类型的数据库。

思考和实验：

（1）什么是栅格数据结构和矢量数据结构？

（2）SuperMap 数据模型有哪些数据类型？

（3）对比 SuperMap，ArcGIS 有对应的数据模型吗？有没有特有的数据模型？

第五章　空　间　分　析

　　随着现代科学技术，尤其是计算机技术引入地图学和地理学，地理信息系统开始孕育、发展。以数字形式存在于计算机中的地图，向人们展示了更为广阔的应用领域。利用计算机分析地图、获取信息、支持空间决策，成为地理信息系统的重要研究内容，"空间分析"这个词汇也就成为这一领域的一个专门术语。

　　空间分析（地理分析）是基于地理对象的位置和形态的空间数据分析技术，其目的在于提取和传输空间信息。自从有了地图，人们就自觉或者不自觉地进行着各种类型的空间分析。空间分析是地理信息系统的主要特征。空间分析能力是地理信息系统区别于一般信息系统的主要方面，也是评价一个地理信息系统成功与否的主要指标之一。空间分析是 GIS 的核心和灵魂，是 GIS 区别于一般信息系统、CAD 或者电子地图系统的主要标志之一。空间分析配合空间数据的属性信息，能提供强大、丰富的空间数据查询功能。因此，空间分析在 GIS 中的地位不言而喻。

　　空间分析源于 20 世纪 60 年代地理学的计量革命，开始阶段主要应用定量（主要是统计）分析手段用于分析点、线、面的空间分布模式。后来更多的是强调地理空间本身的特征、空间决策过程和复杂空间系统的时空演化过程分析。实际上自有地图以来，人们就始终在自觉或不自觉地进行着各种类型的空间分析。如在地图上量测地理要素之间的距离、方位、面积甚至利用地图进行战术研究和战略决策等，都是人们利用地图进行空间分析的实例，而后者实质上已属较高层次上的空间分析。

　　空间分析主要通过空间数据和空间模型的联合分析来挖掘空间目标的潜在信息，而这些空间目标的基本信息无非是其空间位置、分布、形态、距离、方位、拓扑关系等，其中，距离、方位、拓扑关系组成了空间目标的空间关系，它是地理实体之间的空间特性，可以作为数据组织、查询、分析和推理的基础。通过将地理空间目标划分为点、线、面不同的类型，可以获得这些不同类型目标的形态结构。将空间目标的空间数据和属性数据结合起来，可以进行许多特定任务的空间计算与分析。

第一节 缓冲区分析

缓冲区分析是根据指定的距离，在点、线、面几何对象周围建立一定宽度的区域的分析方法。缓冲区分析在 GIS 空间分析中经常用到，且往往结合叠加分析来共同解决实际问题。缓冲区分析在农业、城市规划、生态保护、防洪抗灾、军事、地质、环境等诸多领域都有应用。例如，在环境治理时，常在污染的河流周围划出一定宽度的范围表示受到污染的区域；又如，扩建道路时可根据道路扩宽宽度对道路创建缓冲区，然后将缓冲区图层与建筑图层叠加，通过叠加分析查找落入缓冲区而需要被拆除的建筑；等等。

缓冲区分析是基于点、线、面对象进行分析的，支持对二维点、线、面、网络数据集进行缓冲区分析。其中，对网络数据集进行缓冲区分析时，是对其中的弧段做缓冲区。缓冲区的类型可以分析单重缓冲区和多重缓冲区。下面以简单缓冲区为例分别介绍点、线、面的缓冲区的实现方式。

点缓冲区（图 5-1-1）是以点对象为圆心，以给定的缓冲距离为半径生成的圆形区域。当缓冲距离足够大时，两个或多个点对象的缓冲区可能有重叠。选择合并缓冲区时，重叠部分将被合并，最终得到的缓冲区是一个复杂面对象。

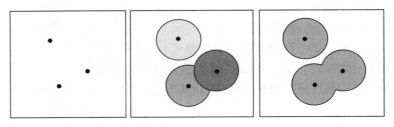

图 5-1-1　点缓冲区

线缓冲区（图 5-1-2）是沿线对象的法线方向，分别向线对象的两侧平移一定的距离而得到两条线，并与在线端点处形成的光滑曲线（或平头）接合形成的封闭区域。同样，当缓冲距离足够大时，两个或多个线对象的缓冲区可能有重叠。合并缓冲区的效果与点的合并缓冲区相同。

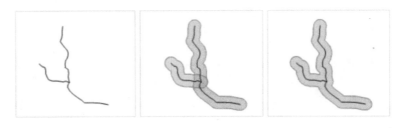

图 5-1-2　线缓冲区

面缓冲区（图5-1-3）生成方式与线的缓冲区类似，区别是面的缓冲区仅在面边界的一侧延展或收缩。当缓冲半径为正值时，缓冲区向面对象边界的外侧扩展；当缓冲半径为负值时，向边界内收缩。同样，当缓冲距离足够大时，两个或多个线对象的缓冲区可能有重叠。也可以选择合并缓冲区，其效果与点的合并缓冲区相同（图5-1-2）。

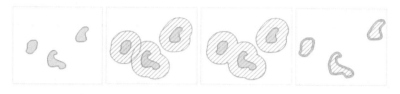

图5-1-3 面缓冲区

思考和实验：

缓冲区边界构建算法有哪些？请实现其中的一种。

第二节 叠加分析

叠加分析是通过对空间数据的加工或分析，提取用户需要的新的空间几何信息。比如，我们需要了解某一个行政区内的土壤分布情况，就可以根据全国的土地利用图和行政区规划图这两个数据集进行叠加分析，得到我们需要的结果。同时，通过叠加分析，还可以对数据的各种属性信息进行处理。叠加分析广泛应用于资源管理、城市建设评估、国土管理、农林牧业、统计等领域。空间叠加分析涉及逻辑交、逻辑并、逻辑差、异或的运算（图5-2-1）。

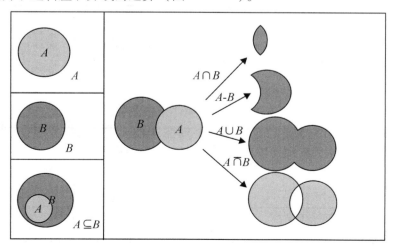

图5-2-1 空间叠加原理

SuperMap 目前提供了 7 种叠加分析的算子：裁剪、合并、擦除、求交、同一、对称差、更新。

裁剪是用裁剪数据集从被裁剪数据集中提取部分特征集合的运算。裁剪数据集中的多边形集合定义了裁剪区域，被裁剪数据集中凡是落在这些多边形区域外的特征都将被去除，而落在多边形区域内的特征要素都将被输出到结果数据集中（图 5-2-2）。

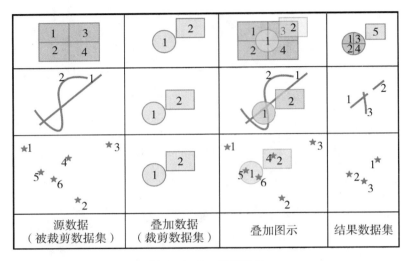

图 5-2-2　裁剪运算

求交运算是求两个数据集的交集的操作。待求交数据集的特征对象在与交数据集中的多边形相交处被分割（点对象除外）。求交运算与裁剪运算得到的结果数据集的空间几何信息是相同的，但是裁剪运算不对属性表做任何处理，而求交运算可以让用户选择需要保留的属性字段（图 5-2-3）。

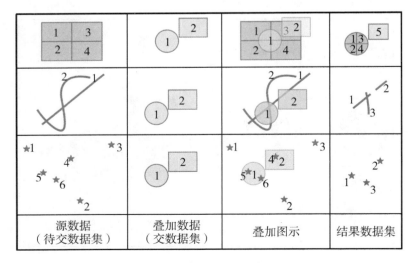

图 5-2-3　求交运算

擦除是用来擦除掉被擦除数据集中多边形相重合部分的操作。擦除数据集中的多边形集合定义了擦除区域，被擦除数据集中凡是落在这些多边形区域内的特征都将被去除，而落在多边形区域外的特征要素都将被输出到结果数据集中。擦除运算与裁剪运算原理相同，只是对源数据集中保留的内容不同（图 5-2-4）。

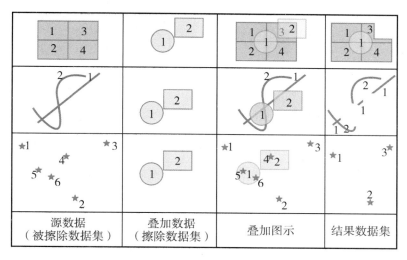

图 5-2-4 擦除运算

合并是求两个数据集合并的运算。进行合并运算后，两个面数据集在相交处多边形被分割，重建拓扑关系，且两个数据集的几何和属性信息都被输出到结果数据集中。合并运算的输出结果的属性表来自于两个输入数据集属性表，在进行合并运算时，用户可以根据自己的需要在 A、B 的属性表中选择需要保留的属性字段（图 5-2-5）。

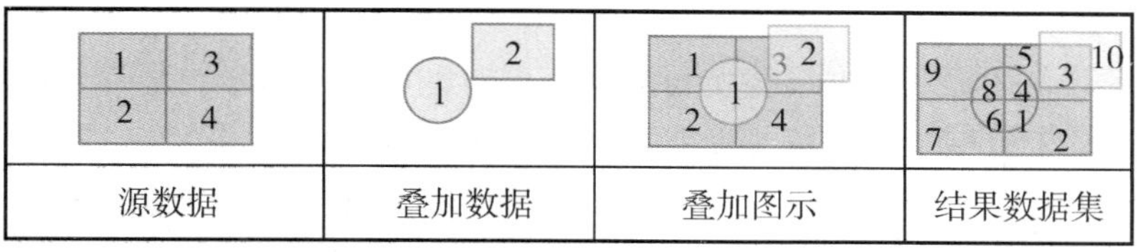

图 5-2-5 合并运算

同一运算结果图层范围与源数据集图层的范围相同，但是包含来自叠加数据集图层的几何形状和属性数据。同一运算就是源数据集与叠加数据集先求交，然后求交结果再与源数据集求并的一个运算。如图 5-2-6 所示。如果第一个数据集为点数据集，则新生成的数据集中保留第一个数据集的所有对象；如果第一个数据集为线数据集，则新生成的数据集中保留第一个数据集的所有对象，但是把与第二个数据集相交的对象在相交的地方打断；如果第一个数据集为面数据集，则结果数据集保留以源数据集为控制边界之内的所有多边形，并且把与第二个数据集相交的对象在相交的地方分割成多个对象（图5-2-6）。

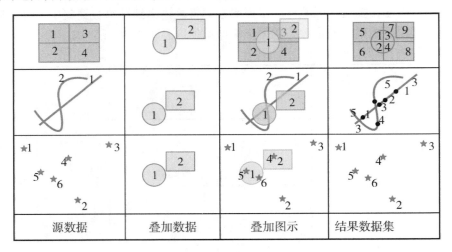

图 5-2-6　同一运算

对称差运算是两个数据集的异或运算。如图5-2-7所示。操作的结果是，对于每一个面对象，去掉其与另一个数据集中的几何对象相交的部分，而保留剩下的部分（图5-2-7）。

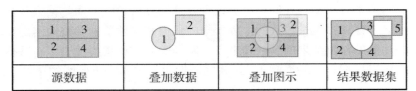

图 5-2-7　对称差运算

更新运算是用更新数据集替换与被更新数据集重合的部分，是一个先擦除后粘贴的过程。结果数据集中保留了更新数据集的几何形状和属性信息（图5-2-8）。

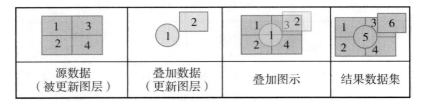

图 5-2-8　更新运算

思考和实验：

叠加分析有哪些类型，你能找到其实现的算法吗？请实现其中的2种。

第三节 网络分析

网络是一种由互联元素组成的系统，例如，边（线）和连接的交汇点（点）等元素，这些元素用来表示从一个位置到另一个位置的可能路径。

人员、资源和货物都将沿着网络行进：汽车和货车在道路上行驶，飞机沿着预定的航线飞行，石油沿着管道铺设路线输送。通过使用网络构建潜在行进路径模型，您可以执行与在网络流动方向上的石油、货车或其他对象的移动相关的分析。最常用的网络分析是查找两点之间的最短路径。

网络分为两类：几何网络（或设施网络）和交通网络（或网络数据集）。

（1）几何网络，即河流网络与公用设施网络，如电力、天然气、下水道和给水线路等只允许沿边单向同时行进。网络中的代理（如管道中石油的流动）不能选择行进的方向，它行进的路径需要由外部因素来决定，如重力、电磁、水压等。工程师可以通过控制外部因素来控制对象的流向。

（2）交通网络，即网络数据集，是没有方向的网络，如街道、人行道和铁路网络等交通网允许在边上双向行驶。网络中的代理（如在公路上行驶的卡车驾驶员）通常有权决定遍历的方向及目的地。虽然这种网络是非定向的网络，流向不完全由系统控制，但是网络中流动的资源可以决定其流向。例如，行人在高速公路上开车行驶，可以选择转弯的方向、停车时间以及行驶的方向等。但是，也有一定的限制，如单行线、不允许掉头等，这取决于网络属性。

网络分析就是在网络模型中通过分析解决实际问题的过程，如路径分析、服务区分析、最近设施查找等。目前，网络分析已经广泛应用于电子导航、交通旅游、城市规划、物流运输以及电力、通信等不同行业中。

交通网络分析为商业、公共服务业以及日常生活带来便利，分析结果可提供有效的执行方案，帮助用户做出更合理的决策。交通网络分析可以帮助解决以下实际问题：①从 A 点到 B 点的最短路线是什么。②去一个景点旅游，如何选择一条路线，一次走完尽可能多的景点。③一家新开张超市的顾客覆盖区域是多大，进货量应该如何确定。④发生火灾后，如何调度最近的消防车进行抢救。⑤东城区的一个配送员，如何在最短时间内完成所有的快递任务。

1. SuperMap 交通网络

SuperMap 的交通网络（图 5-3-1）是由一组相互关联弧段、结点和它们的属性所组成的模型。

如图 5-3-1 所示，网络不仅具有一般网络的弧段与结点间的抽象拓扑关系，还具有 GIS 空间数据的几何定位特征和地理属性特征（拓扑关系时地理对象在空间位置上的相互关系，如结点与线、线与面之间的连接关系）。网络模型中包括如

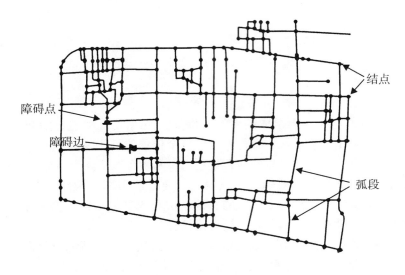

图 5-3-1 交通网络

下元素：

（1）结点。结点是网络中弧段相连接的地方，如图 5-3-1 所示。结点可以表示现实中的道路交叉口、河流交汇点等点要素。结点和弧段各自对应一个属性表，它们的邻接关系通过属性表的字段来关联。

（2）弧段。弧段就是网络中的一条边，弧段通过结点和其他的弧段相连接。弧段可用于表示现实世界运输网络中的高速路、铁路、电网中的传输线和水文网络中的河流等。弧段之间的相互联系是具有拓扑结构的。

（3）网络阻力。现实生活中，从起点出发，经过一系列的道路和路口抵达目的地，必然会产生一定的花费。这个花费可以用距离、时间、货币等度量。在网络模型中，把通过结点或弧段的花费抽象成网络阻力，并将该信息存储在属性字段中，称为阻力字段。

（4）中心点。中心点是网络中具有接受或提供资源能力，且位于结点处的离散设备。设施是指地理信息系统所需的物质、资源、信息、管理和文化环境等。例如，学校里有教育资源，学生必须到校学习；零售仓储点，储存了零售点所需要的货物，每天需要向各个零售点配送发货。中心点实质上也是网络上的结点。

（5）障碍边和障碍点。城市中的交通堵塞问题随处可见，交通拥堵是没有规律可循、随机且动态变化的过程。为了实时地反映交通网络的现状，需要让交通堵塞的弧段具有暂时禁止通行的特性，同时在交通恢复正常后，弧段属性也能实时恢复正常。障碍边、障碍点概念的提出可以很好地解决上述问题。障碍边、障碍点引入的好处是障碍设置与否与现有的网络环境参数无关，具有相对独立的特性。

（6）转向表。转向是从一个弧段经过中间结点抵达邻接弧段的过程。转弯耗费是完成转弯所需要的花费。转向表用来存储转弯耗费值。转向表必须列出每个十字路口所有可能的转弯，一般有起始弧段字段（FromEdgeID）、终止弧段字段（ToEdgeID）、结点标识字段（NodeID）和转弯耗费字段（TurnCost）4个字段，这些字段与弧段、结点中的字段相关联，表中的每条记录表示一种通过路口的方式所需要的弧段耗费。转弯耗费通常是有方向性的，转弯的负耗费值一般为禁止转弯。

例如，在对道路进行网络分析的时候，我们经常会遇到十字路口、三岔口等情况，如图5-3-2所示，右面为一个十字路口的示意图，左面的表格即为该十字路口所对应的转向表，转向表中记录了该十字口处车辆的转向和转弯所需的耗费等信息。

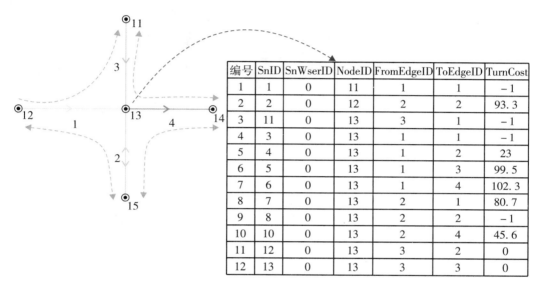

图5-3-2 道路交叉口转向

2. ArcGIS网络数据集

（1）网络元素。网络数据集是由网络元素组成的。网络元素是由创建网络数据集时添加的源要素生成的。源要素的几何要素有助于连通性的构建。此外，网络元素中包含用于控制网络导航的属性。

网络元素共分为3种类型：①边。用于连接至其他元素（交汇点），同时还是代理行进的链接。②交汇点。连接边，便于两条边之间的导航。③转弯。可影响两条或更多边移动的存储信息。

所有网络的基本结构均由边和交汇点组成。网络中的连通性将处理边和交汇点彼此之间的相互连接。转弯是一种可选元素，用于存储与特定转弯移动方式有关的信息。例如，限制从一条边左转到另一条边。

以一个简单交通网和参与该交通网创建的源为例（图5-3-3）。该网络中具有可充当边源的街道要素类、可充当交汇点源的街道交叉点要素类、可充当边（铁路线和公交线路）的附加线要素类以及可充当交汇点（火车站和公共汽车站）

的点要素类。

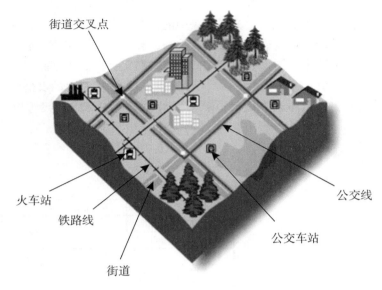

图 5 – 3 – 3　交通网络

（2）连通性。创建网络数据集时，需要选择将根据源要素创建哪些边或交汇点元素。确保正确形成边和交汇点对于获得准确的网络分析结果而言非常重要。

网络数据集中的连通性基于线端点、线折点和点的几何重叠建立，并遵循设置为网络数据集属性的连通性规则。

建立 ArcGIS Network Analyst 扩展模块中的连通性要从定义连通性组开始（图 5 – 3 – 4）。每个边源只能被分配到一个连通性组中，每个交汇点源可被分配到一个或多个连通性组中。一个连通性组中可以包含任意数量的源。网络元素的连接方式取决于元素所在的连通性组。例如，对于创建自两个不同源要素类的两条边，如

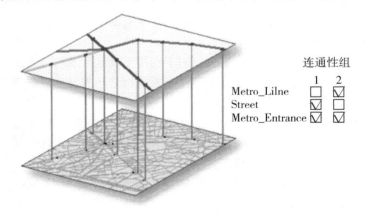

图 5 – 3 – 4　连通性组

果它们处在相同连通性组中,则可以进行连接;如果处在不同连通性组中,除非用同时参与了这两个连通性组的交汇点连接这两条边,否则这两条边不连通。

同一连通性组内的边可以以两种不同方式进行连接,具体方式取决于边源上采用的连通性策略。如果设置的是端点连通规则,则线要素将变成仅在重合端点处进行连接的边;如果设置了"任意折点"连通规则,则线要素将在重合折点处被分成多条边(图5-3-5)。

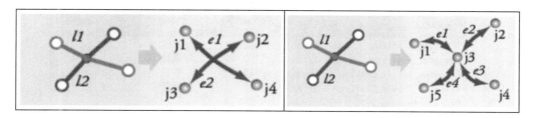

图5-3-5 连通性定义

另外,网络元素的连通性不仅可取决于它们在 x 和 y 空间中是否重合,还可取决于它们是否共享相同的高程。构建高程模型的可选方式有两种:使用高程字段和使用几何的 z 坐标值。高程字段包含从参与网络的要素类的字段中获取的高程信息,用于优化线端点处的连通性;如果 z 值存储在源要素的几何中,则可以创建三维网络。

(3)网络属性。网络属性是控制网络可穿越性的网络元素的属性。属性示例包括指定道路长度情况下的行驶时间、哪些街道限制哪些车辆的通过、沿指定道路行驶的速度以及哪些街道是单行道。

网络属性有5个基本属性:名称、使用类型、单位、数据类型和默认情况下使用。此外,它们还具有一组定义元素值的指定项:①使用类型指定在分析过程中使用属性的方式,属性可以被标识为成本、描述符、约束或等级。②成本属性的单位是距离或时间单位(例如,cm、m、min、s)。③描述符、等级和约束条件的单位是未知的。④数据类型可以是布尔型、整型、浮点型或双精度型。⑤成本属性不能是布尔型。约束条件始终为布尔型,而等级始终是整型。⑥默认情况下使用将自动在新创建的网络分析图层上设置这些属性。⑦如果成本、约束条件或等级属性设置为在默认情况下使用,那么在网络数据集上创建的网络分析图层将被设置为自动使用该属性。网络数据集中只有一个成本属性可以设置为默认情况下使用。描述符属性无法在默认情况下使用。

网络属性的创建既可以在新建网络数据集向导中进行(定义新网络时),也可以在网络数据集属性对话框的属性选项卡上进行。要创建网络属性,首先定义属性名及其用法、单位和数据类型。接下来,为每个源指定赋值器,该赋值器将在构建网络数据集时为网络属性提供值。这通过选择属性和单击赋值器来完成。

(4)赋值器类型。网络中定义的每个属性都必须具有与参与网络的每个源相对应的值。赋值器为每个源的属性指定值如图5-3-6所示。在ArcGIS中，字段赋值器为网络源字段的网络属性赋值。此外，ArcGIS还提供其他类型的可用赋值器，例如，常量、字段表达式、函数和脚本赋值器。

源	方向	元素	类型	值
Metro_Lines	自-至	边	常量	-1
Metro_Lines	至-自	边	常量	-1
Streets	自-至	边	字段	FT_MINUTES
Streets	至-自	边	字段	TF_MINUTES
Transfer_Stations	自-至	边	常量	-1
Transfer_Stations	至-自	边	常量	-1
Transfer_Street_Station	自-至	边	常量	-1
Transfer_Street_Station	至-自	边	常量	-1
Metro_Entrances		交汇点		
Metro_Stations		交汇点		
ParisNet_Junctions		交汇点		

图5-3-6 赋值器

(5) 转弯 (turns)。转弯构成了从某一边元素到另一边元素的移动方式（表5-3-1）。通常，创建转弯来增加通行的成本，或者完全禁止转弯。例如，可以为十字路口处表示左转弯的转弯要素分摊30 s的时间成本以模拟左转弯交通信号变为绿色的平均用时。同样，约束属性可从转弯要素中读取字段值来禁止转弯。当转弯行为被宣告违反交通规则时（禁止左转），这会十分有用。

转弯可在相连边的任何交汇点处创建。在每个网络交汇点处均可能有n^2种转弯，其中n表示连到该交汇点的边数。即使在只有一条边的交汇点处，仍可以创建一个"U"形转弯。

在ArcGIS Network Analyst扩展模块中，以转弯要素类中的要素对转弯进行建模。转弯要素类是自定义线要素类（类型为Esri转弯要素）。在网络之外，转弯要素类没有任何意义。为了利用转弯要素类中有价值的信息，必须将其添加到网络数据集中。

创建转弯要素类时，可指定转弯所支持的最大边数。一个转弯最少有两条边。Network Analyst支持最多含有50条边的转弯。默认的最大边数设置为5。

表 5-3-1 转弯字段定义

字　　段	说　　明
ObjectID	转弯的内部要素编号
形状	转弯要素的要素几何
Edge1End	指示转弯是否通过第一条边的末端（Y 表示转弯通过第一条边的末端，而 N 表示转弯通过第一条边的始端）
Edge1FCID	表示转弯第一条边的线要素的要素类 ID
Edge1FID	表示转弯第一条边的线要素的要素类 ID
Edge1Pos	表示转弯第一条边的线要素沿线的位置。对于表示多条边的线要素（可使用通过折点连接的多条线或具有覆盖策略的多个点创建），此位置将指明要素的哪个边元素是转弯的第一条边
Edge2FCID	表示转变中第二条边的线要素的要素类 ID

（6）方向。方向是如何通过路径的转弯说明（图 5-3-7）。只要网络数据集支持转向属性，就可以为根据网络分析生成的任何路径创建方向。可在网络数据集级别对计算路径时所生成的方向进行自定义。这意味着，用于报告方向、盾形路牌符号和边界信息的街道名称与网络数据集一起存储。可通过修改这些设置来自定义方向。

图 5-3-7　方向定义

要构建交通网模型，网络数据集的设计必须考虑周密。您可以遵循下面介绍的五步流程实现这一点。

步骤 1：选择源工作空间。

网络数据集可在地理数据库或 Shapefile 工作空间中创建，还可存放在 ArcGIS StreetMap 数据集中。Shapefile 网络数据集仅支持使用单个边源，而地理数据库网络数据集则支持使用多边源和多交汇点源。ArcGIS StreetMap 数据集是一个用于网络分析的高度压缩的国家街道网。

➤ 如果要构建多模式网络模型，应在地理数据库工作空间中创建网络数据集。如果存在按照复杂的连通性规则彼此相连的多个源，则应在地理数据库工作空间中创建网络数据集。

➤ 如果要将 Shapefile 格式的单边源用于快速简单的网络分析，则可创建 shapefile 网络数据集；但如果将 Shapefile 导入到地理数据库中的要素数据集，您将有机会使用更多 Network Analyst 功能。

➤ 如果存在 ArcGIS StreetMap 数据，则可直接将其用于网络分析。

步骤 2：识别源及其在网络中充当的角色。

➤ shapefile 网络数据集由边源和可选的转弯源组成。位于网络所在要素数据集中的地理数据库要素类才可以作为源加入该网络中。因此，识别出哪些要素类可作为网络源至关重要。

➤ 如果网络数据集支持转弯，则还需要识别出可用的转弯要素类。如果转弯以 ARC/INFO 或 ArcView GIS 转弯表的形式存储，则可将该转弯数据迁移到转弯要素类中。

步骤 3：构建连通性。

结合使用 ArcGIS 连通性模型与高程字段模型即可为网络数据集构建连通性。

➤ 对网络进行研究从而确定不同元素之间如何连接至关重要。

➤ 创建网络数据集之前就应该设计出连通性理念。

➤ 如果是多模式网络，则需要多个连通性组并且每个连通性组中还应存在过渡交汇点。

➤ 如果高程字段数据可用，则可通过高程字段模型增强网络的连通性。如果源要素已启用 3D 模型，3D 模型还可增强连通性。

➤ 为每条边和每个交汇点源都制定连通性策略。

➤ 处理遇到的特殊状况，如桥梁与隧道。

步骤 4：定义属性并指定属性值。

➤ 识别进行网络分析时将用到的阻抗并根据网络源（也可根据实时流量源）确定阻抗值。

➤ 确定用于控制网络导航的限制条件。

➤ 为网络中的边元素划分等级（如有必要）。

步骤 5：使用新建网络数据集向导创建网络数据集。

➢ 新建网络数据集向导会逐步引导您完成以下操作：为网络数据集命名、识别网络源、设置连通性、识别高程数据（如果必要）、指定转弯源（如果必要）、定义属性（如成本、描述符、约束和等级）和设置方向报表规范。

➢ 要打开新建网络数据集向导，右键单击要素数据集或目录树中的线 shapefile 并选择新建 > 网络数据集。

ArcGIS Network Analyst 扩展模块。扩展模块用于构建网络数据集并对网络数据集执行分析。ArcGIS 10.5 帮助里面有专门的指南，共包括 10 个练习，难度从易到难。

➢ 通过 ArcCatalog，使用存储在地理数据库中的要素类来创建和构建一个网络数据集。如图 5-3-8 所示。

图 5-3-8　使用 ArcCatlog 创建网络数据集

➢ 为该网络数据集定义连通性规则和网络属性。

➢ 在 ArcMap 中，使用 Network Analyst 工具条执行各种网络分析。

➢ 学习如何使用 ArcGIS Network Analyst 扩展模块地理处理工具来创建用于分析自动化的模型。

思考和实验：

（1）网络分析中，建立网络数据集的目的是什么？

（2）SuperMap 网络数据模型是什么？

（3）ArcGIS 网络数据模型是什么？

（4）网络分析类型有哪些，背后的算法是什么？

第四节　ArcGIS 空间分析

ArcGIS Spatial Analyst 扩展模块提供了多种强大的空间建模与分析功能。例如，创建、查询和分析基于像元的栅格数据并基于这些数据制图；将栅格/矢量分析进行整合；从现有数据中获取新信息；在多个数据图层中查询信息；将基于像元的栅格数据与传统的矢量数据源完全整合。

基于高程数据创建坡度、坡向或山体阴影（图 5-4-1）。

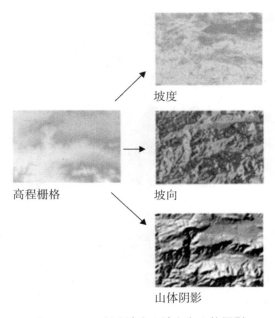

图 5-4-1　创建坡度、坡向和山体阴影

查找适宜位置，例如，基于一组输入条件定义了某开发项目的最适宜区域，即地形陡峭度最小且距离公路最近的空置土地（图 5-4-2）。

执行距离和行程成本分析，创建欧氏距离表面以推算两个位置间的直线距离，或者创建成本加权距离表面以根据一组指定的输入条件来推算从一个位置到另一个位置所需的成本（图 5-4-3）。

确定两个位置间的最佳路径，在考虑经济、环境和其他条件因素的前提下，为道路规划、管线铺设或动物迁移确定最佳路径或最适宜的廊道（图 5-4-4）。

根据当地环境、较小邻域或预先确定的区域执行统计分析，通过计算某邻域内包含的物种种类等特性对该邻域进行研究。确定每个区域的平均值，例如，每个森

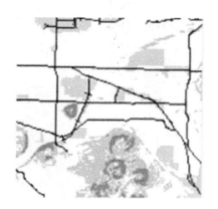

图 5-4-2　识别适宜位置

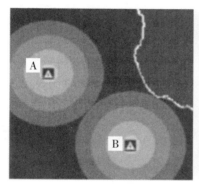 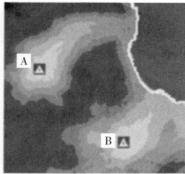

图 5-4-3　距离和成本分析

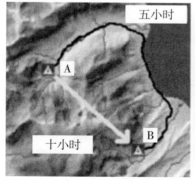 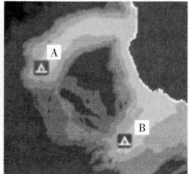

图 5-4-4　最佳路径分析

林区的平均高程值。如图 5-4-5 所示。

　　根据采样值对研究区域进行插值，对战略上分散的采样地点的某现象进行测量，然后通过数据插值对其他所有地点的值进行预测。基于高程、污染或噪音采样

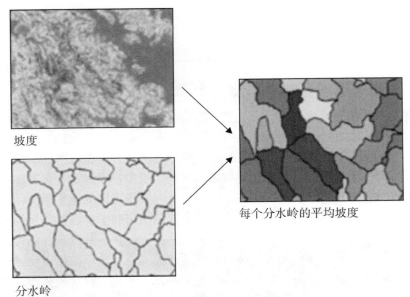

执行分区计算，例如，每个分水岭的平均地形坡度。

图5-4-5 分区计算

点创建连续的栅格表面。使用一组采样点高程值和矢量等值线数据，创建符合水文特性的高程面（图5-4-6）。

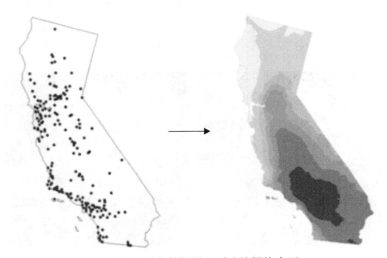

将采样点样本数据插入到连续栅格表面

图5-4-6 采样点插值

清理各种数据以进行进一步分析或显示，对包含以下数据的栅格数据集进行清理：错误的数据、与当前分析不相关的数据或过分详细的数据（图5-4-7）。

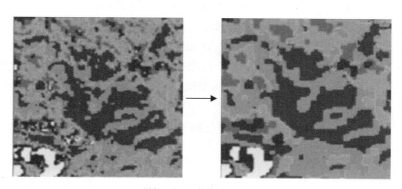

对输入栅格数据进行综合

图5-4-7 栅格数据综合

ArcGIS Spatial Analyst 扩展模块可以帮助执行有用的分析，但其本身无法解决问题。要获得希望的结果，必须提出正确的问题并提供正确的信息，然后对问题进行分析建模。

ArcGIS 里面的模型分为两类，表示模型和过程模型，表示模型表示地表上的对象，具体为一组栅格图层和要素图层（图5-4-8）。

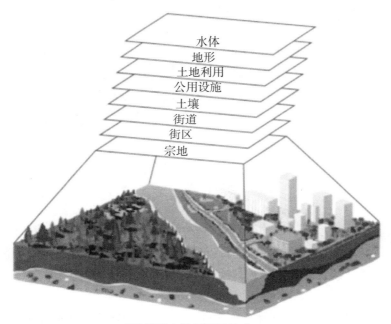

表示模型由数据图形构成

图5-4-8 表示模型

过程模型试图对表示模型中描述的各个对象之间的交互作用进行描述。使用空间分析对这些关系进行建模。交互作用有多种不同的类型，Spatial Analyst 提供了大量可描述这些类型的工具。过程建模有时被称为制图建模。过程模型可用于描述过程，但通常用于预测采取某项行动时将发生的事情。

每种 Spatial Analyst 工具都可以被看作一个过程模型。一些过程模型很简单，而一些则较为复杂。使用地图代数或模型构建器添加处理逻辑和合并多个过程模型可进一步增加复杂性。

最基本的一种 Spatial Analyst 运算是将两个栅格相加（图 5-4-9）：

对栅格的值进行求和为基本操作

图 5-4-9　栅格叠加操作

通过处理逻辑可增加复杂性，通过一些专业化工具可进一步增加复杂性，这些工具的算法用于生成非常难以自行创建的分析结果。通过合并多个工具和处理逻辑可以实现更进一步的复杂性（图 5-4-10）。

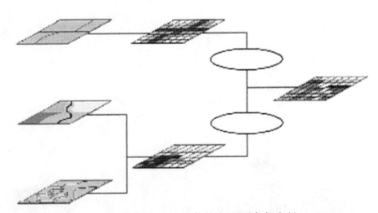

通过合并多个工具和条件实现更高复杂性

图 5-4-10　过程模型

下面举一个实际的例子来进行空间分析。作为一名城镇规划师，接到了一个为新学校寻找合适地点的任务。将 ArcGIS Spatial Analyst 扩展模块中的各种工具结合使用将有助于找出候选地点。

这个问题是为新学校寻找最佳设址地点（图5-4-11）。寻找的结果是一张地图，上面可显示出适合建造新学校的各个候选校址（按适宜程度从高到低排列）。此地图称为分级适宜性地图，因为其中显示了一定范围的值，这些值表示地图中各地点的适宜程度（适宜程度取决于是否符合已添加到模型中的条件）。

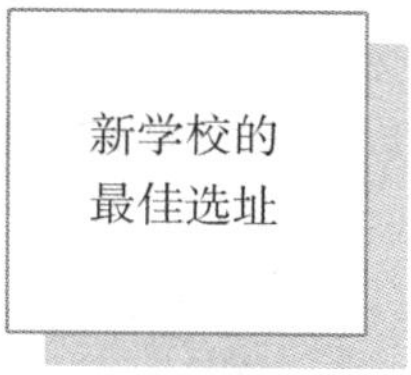

新学校的最佳选址

图5-4-11　最佳设置地点

首先应对问题进行明确，明确问题后，就问题内容进行进一步细分，直至了解解决此问题所需的各个步骤。这些步骤便是您需要实现的具体目标。

定义具体目标时，要考虑以何种方式对各目标进行衡量。如何衡量什么样的区域最适合建新学校？对于这个假设的学校选址示例，最好将学校建于休闲娱乐设施的附近，因为很多迁到城镇居住的家庭中的小孩对休闲娱乐活动感兴趣。将校址选在远离各现有学校的地方也很重要，因为这样可以将城镇中的各个学校分散开。学校还必须建在相对平坦的适宜土地上（图5-4-12）。

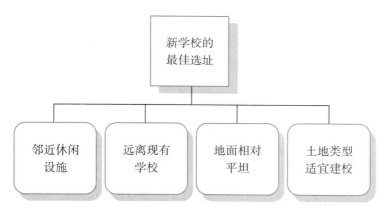

图5-4-12　最佳选址的具体要求

要实现这些具体目标，您最好了解以下内容：

（1）哪些地点的土地相对平坦？要查找相对平坦的表面区域，您需要创建一个能够显示表面坡度的地图。此处的过程模型便涉及表面坡度的计算。所需输入的数据集为高程数据。

（2）这些地点的土地利用类型是否适宜？在农业用地上建校被认为是最经济

的，因此也是最合适的。接下来依次是荒地、矮灌木丛、森林，排在最末的则是现存建筑用地。此处不涉及任何过程模型，只需确定土地利用输入数据集以及最适于建校的土地利用类型。所需的输入数据集为土地利用数据。

（3）这些地点是否足够接近休闲娱乐场所？由于学校最好建在休闲娱乐设施附近，因此需要创建可以显示到各休闲娱乐场所距离的地图，从而大概地将学校地址确定在附近区域。此处的过程模型将涉及计算与休闲娱乐场所的距离。所需的输入数据集为休闲娱乐设施的位置数据。

（4）它们是否距离各现有学校足够远？您需要将学校建在远离现有学校的地方，以避免位于这些学校的招生区范围内。因此，您还需要创建一个可以显示与现有学校之间距离的地图。此处的过程模型将涉及计算与现有学校之间的距离。所需的输入数据集为现有学校的位置数据（图5-4-13）。

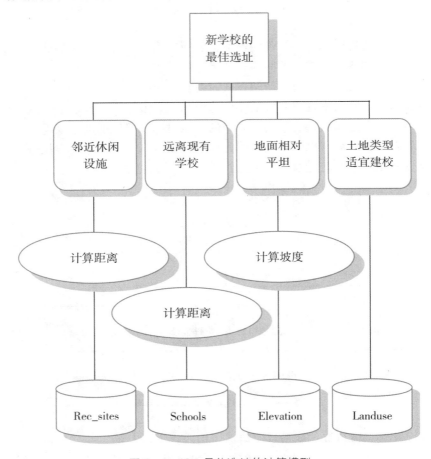

图5-4-13 最佳选址的计算模型

确定了具体目标、各种元素及它们之间的交互作用、过程模型以及所需的输入数据集。现在便可以执行分析了。分析后，对结果数据进行重分类，分别得到适宜性地图，最后合并各个适宜性地图，用于选择建校地点的最终适宜性地图（图5-4-14）。

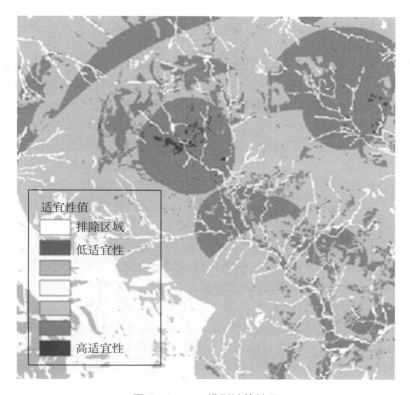

图 5-4-14　模型计算结果

思考和实验：

在 ArcGIS10.5 帮助里面，找出 Spatial Analyst 实验系列指南，按照指南做实验。

第五节　线性参考与动态分段

线性参考是一种采用沿具有测量值的线性要素的相对位置描述和存储地理位置的方法。距离测量用于定位沿线事件，可以是长度、时间、费用等属性。线性参考技术作为一种常用的动态定位技术，广泛应用于公路、铁路、河流等线性特征的数据采集、公共交通系统管理、路面质量管理以及通信和分配网络（如电网、电话线路、电视电缆、给排水管）模拟等领域。

现实生活中，人们基于以下两点原因，更倾向于采用线性参考技术：

（1）现实生活中，我们常采用以沿线要素距离的方式定位，这比传统的精确（x、y）坐标定位的方式更符合人们的习惯。比如，在某某路口东 300 m 处发生交通事故，比描述为发生在（6570.3876，3589.6082）坐标处更容易定位。

（2）线性参考可用于多个属性表与线性要素的关联，不需要在属性值发生变化时分割线数据。

如图 5-5-1 所示，灰色的直线表示具有测量值的高速公路的里程数，线上方的点和线段代表了发生在该线段上的两类事件。描述如下：在高速公路 12 km 和 84.3 km 位置分别发生两起交通事故，而在沿高速公路 35～76 km 处由于暴雨侵袭发生路面坍塌。

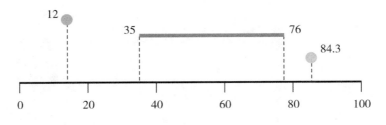

图 5-5-1　线性参考示意

动态分段（dynamic segmentation）不是在线状要素沿线上某种属性发生变化的地方进行物理分段，而是在传统的 GIS 数据模型的基础上利用线性参考技术，将属性和它对应的线状要素位置存储为独立的事件属性表（事件表），在分析、显示、查询和输出时，直接依据事件属性表中的距离值对线性要素进行动态逻辑分段，动态地计算出属性数据的空间位置。

简单地说，动态分段是在地图上动态显示线性参考要素的过程，是线性参考技术的应用。它在不改变要素原有空间数据结构的条件下，建立线性要素上任意路段与多重属性信息之间关联关系。

在 ArcGIS 中，用于实现线性参考的数据类型主要有两种：路径要素类和事件表。使用动态分段，能够在路径要素类中的线要素上定位事件表中的事件。

路径（图 5-5-2）是指具有唯一标识符和通用测量系统的任意线状要素（如城市街道、公路、河流或管线）。路径要素类是具有已定义测量系统的线要素类。这些测量值可用于沿其线状要素集定位事件、资产和状况。

简而言之，路径要素类中的要素折点包括 m 值（x、y、m 或 x、y、z、m）。这些已测量坐标构成路径要素的基本结构单元。在路径要素类中，线要素具有描述位置的 x、y（或 x、y、z）坐标以及沿线的测量（m）值。路径存储表如图 5-5-3 所示。

具有通用测量系统的路径集合称为路径要素类。要素类中的每条路径还将具有唯一的标识符。具有相同唯一标识符的线要素被视为同一路径的一部分；

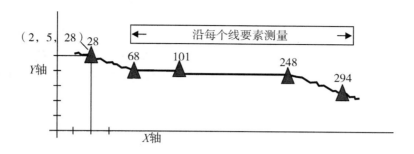

图5－5－2 路径

OBJECTID *	SHAPE *	NLF_ID	MP_CO	MP_MUNSO	MP_RTE_PR	MP_RTE_N
2	折线(polyline) M	10005068	1	0	CO	70
3	折线(polyline) M	10005069	1	0	CO	73
4	折线(polyline) M	10005070	1	0	CO	74
5	折线(polyline) M	10005071	1	0	CO	94
6	折线(polyline) M	10005072	1	0	CO	121
7	折线(polyline) M	10005073	1	0	CO	123
8	折线(polyline) M	10005074	1	0	CO	156

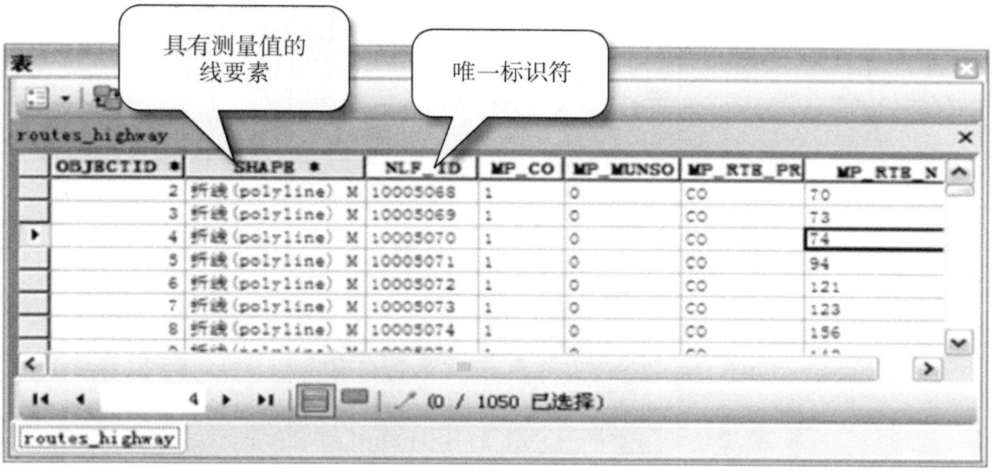

图5－5－3 路径存储表

事件表包含有关资产、条件和可以沿路径要素定位的事件的信息。事件表中的各行分别引用一个事件，其位置表示为沿已命名（可识别）线状要素的测量值。

有两种类型的事件：点事件和线事件。点事件描述沿路径的离散位置（点），而线事件描述路径的一部分（线）。①点事件位置仅使用一个测量值描述离散位置。如“I－91 上 5.1 km”。②线事件使用测量始于值和测量止于值描述路径的一部分。例如，I－91 上 3.2 ～ 6.4 km。

由于有两种类型的路径事件，因此有两种类型的路径事件表：点事件表和线事件表。所有事件表都必须包含路径标识符和包含测量信息的测量位置字段。点事件表使用一个测量字段描述离散位置。线事件表需要两个测量字段（测量始于和测量止于）来描述位置。

路径位置及其关联属性存储在基于共同主题的事件表中。例如，可能包括含有速度限制、重铺年份、目前状况和事故的相关信息的 4 个事件表，并使用它们动态定位路径要素类上的事件。

水文学家和生态学家在河流网络上使用线性参考定位各种类型的事件，如图 5-5-4 所示。河流的路径要素类提供沿河流的测量值（使用河段英里）。点和线事件表记录沿每条河段的路径 ID 和位置。这些事件表可用于定位点和线事件。

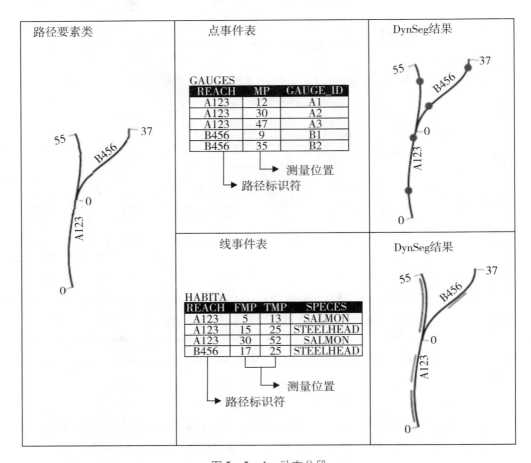

图 5-5-4　动态分段

思考和实验：

在 ArcGIS10.5 帮助里面，找出线性参考实验系列指南，按照指南做实验。

第六节　Tracking Analyst

ArcGIS Tracking Analyst 扩展模块主要用于将随时间移动或更改状态的对象绘制成图。通过 Tracking Analyst 可实现以下功能：

（1）通过将包含日期和时间（时态数据）的地理数据以追踪图层的形式添加到地图中，可使此类地理数据更加生动形象（图 5-6-1）。

（2）实时追踪对象。Tracking Analyst 支持与全球定位系统（GPS）设备及其他追踪和监视设备进行网络连接，从而可以实时将数据绘制成图。

（3）使用时间窗及其他专用于查看随时间变化的数据的选项对时态数据进行符号化。

（4）使用 Tracking Analyst 回放管理器回放时态数据。可使用不同的速度进行正向和反向数据回放。

（5）通过创建数据时钟来分析时态数据中存在的模式。

（6）针对时态数据创建和应用操作。

（7）使用 Tracking Analyst 动画工具以动画形式呈现数据。

（8）使用 ArcGlobe 在 3D 模式下查看追踪数据。

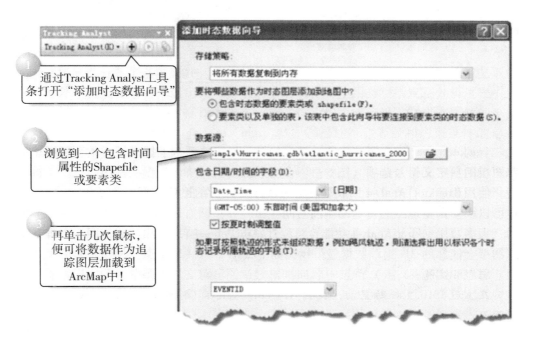

图 5-6-1　添加时态数据

追踪管理器是可停靠窗口，可以查看地图中包含的轨迹和追踪要素并与之交互（图5-6-2）。追踪管理器包含一个轨迹面板，可以查看轨迹列表、高亮显示轨迹、缩放轨迹，并对定义的任意轨迹集合执行其他基于轨迹的操作。要素面板可以查看轨迹中包含的各要素的详细信息。

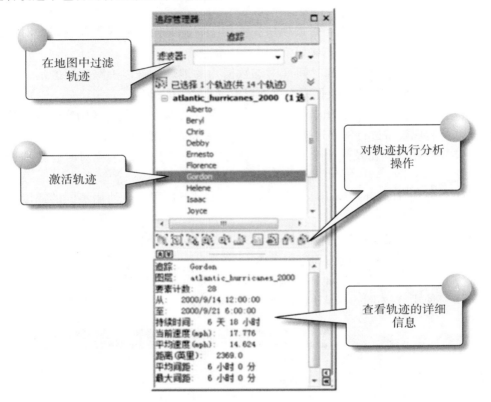

图5-6-2　追踪管理器

Tracking Analyst 在图层属性对话框的符号系统选项卡上提供了一整套可用于追踪图层的自定义符号选项（图5-6-3）。

使用 Tracking Analyst 回放管理器可回放要分析的追踪数据（图5-6-4）。您也可以手动调整地图上显示的当前时间。

大多数 Tracking Analyst 功能也可以在 ArcGlobe 中使用。在 ArcGlobe 中查看追踪图层会使您的 3D 追踪数据显得栩栩如生（图5-6-5）。

思考和实验：

在 ArcGIS10.5 帮助里面，找出 Tracking Analyst 实验系列指南，按照指南做实验。

第五章 空间分析 81

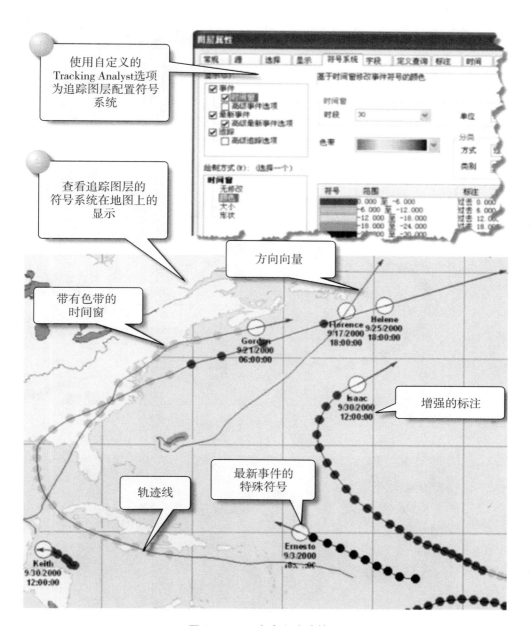

图 5-6-3 自定义追踪符号

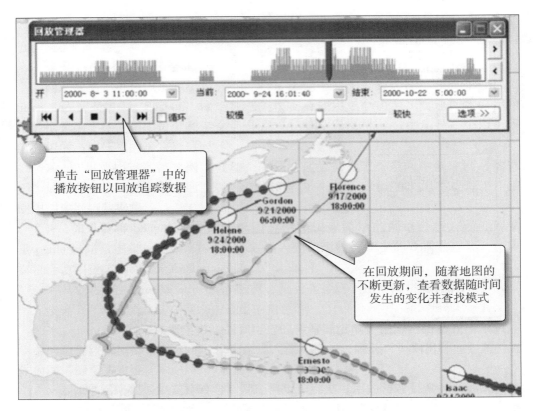

图 5-6-4 回放管理器

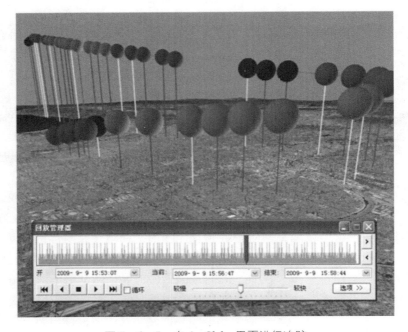

图 5-6-5 在 ArcGlobe 里面进行追踪

第六章 三维显示与分析

第一节 ArcGIS 3D Analyst

ArcGIS 3D Analyst 提供了丰富的 3D 功能，这些功能都封装在 ArcGlobe 和 ArcScene 软件中。ArcScene 是一个适合于展示三维透视场景的平台，可以在三维场景中漫游并与三维矢量和栅格数据进行交互。ArcScene 是基于 OpenGL 的，支持 TIN 数据显示。显示场景时，ArcScene 会将所有数据加载到场景中，矢量数据以矢量形式显示，栅格数据默认会降低分辨率来显示以提高效率。ArcGlobe 是 ArcGIS 9.0 之后出现的新产品，设计用于展示大数据量的场景，支持对栅格和矢量数据无缝的显示。ArcGlobe 基于全球视野，所有数据均投影到全球立方投影（World Cube Projection）下，并对数据进行分级分块显示。为提高显示效率，ArcGlobe 按需将数据缓存到本地，矢量数据可以进行栅格化。

ArcGlobe 和 ArcScene 主要特色和功能如下。

（1）使用 ArcGlobe 查看 3Dglobe 上的 GIS 数据（图 6-1-1）。

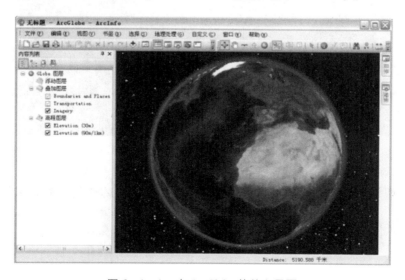

图 6-1-1　在 ArcGlobe 软件主界面

(2) 使用 ArcScene 查看 3D 平面视图中的 GIS 数据（图 6-1-2）。

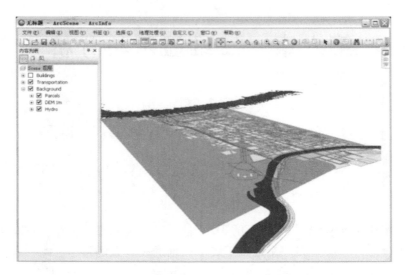

图 6-1-2　在 ArcScene 软件主界面

(3) 使用 3D 距离查询 GIS 数据（图 6-1-3）。

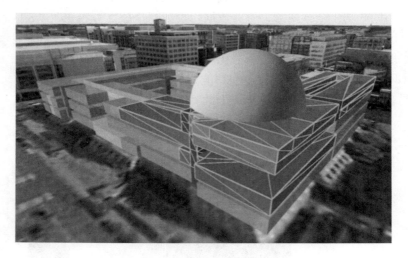

图 6-1-3　3D 对象查询

(4) 咨询 3D 分析（图 6-1-4）问题，如拟建一栋建筑物对现有视线有何影响？

图 6-1-4　3D 分析

（5）从多个数据源导入 3D 数据，例如在 SketchUp 中构造的多面体建筑物（图 6-1-5）。

图 6-1-5　外源 3D 模型数据导入

（6）编辑和维护 3D 矢量数据，如建筑物内部交通网（图 6-1-6）。

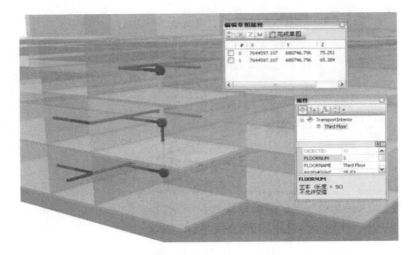

图 6-1-6　3D 数据编辑和维护

（7）使用交互工具执行 3D 查询，例如测量 3D 高度（图 6-1-7）。

图 6-1-7　3D 距离量算

思考和实验：

在 ArcGIS10.5 帮助里面，找出 3Danalyst 实验系列指南，按照指南做实验。

第二节 3D 数据类型

三维 GIS 数据的定义（x、y、z）中包含一个额外维度（z 值）。z 值具有测量单位，同传统 2D GIS 数据（x、y）相比，其可存储和显示更多的信息。虽然 z 值通常为实际高程值（如海拔高度或地理深度），也可以表示其他内容，例如，化学物质浓度、位置的适宜性，甚至完全用于表示等级的值。

3D GIS 数据有两种基本类型：要素数据和表面数据。

一、要素数据

要素数据表示离散对象，每个对象的 3D 信息都存储在要素的几何中。

三维要素数据可对每个 x、y 位置潜在地支持多个不同的 z 值。例如，一条垂直线有一个上端点和一个下端点，两个端点的 2D 坐标相同，但 z 值不同。另一个 3D 要素数据示例是 3D 多面体建筑物，该建筑物的屋顶、室内地面和地基都包含相同的 2D 坐标，但 z 值不同。对于类似飞机的 3D 位置或上山步行路径等其他 3D 要素数据，每个 x、y 位置仅对应一个 z 值。

三维要素包括点、线、面和多面体。

多面体要素是一种可存储面集合的 GIS 对象，能够在数据库中将 3D 对象的边界表示为单个行。面可存储表示要素组成部分的纹理、颜色、透明度和几何信息。面中存储的几何信息可以是三角形、三角扇、三角条带或环，如图 6-2-1 所示。

二、表面数据

表面数据表示某一区域上方的高度值，该区域中每个位置的 3D 信息可存储为单元值，也可从 3D 面的三角网推断得出。表面数据有时称作 2.5D 数据，因为对于每个 x、y 位置，其仅支持一个 z 值。例如，地球表面的海拔高度只会返回一个值。表面数据包括栅格、TIN、Terrain 数据集和 LAS 数据集。

1. 栅格数据和 DEM

如图 6-2-2 所示，栅格数据则是栅格像元的矩形矩阵，以行和列的形式表示。每个栅格像元均用于表示地球表面上一块经过定义的方形区域，其值在整个栅格像元范围内始终保持不变。表面可以通过栅格数据表示，数据中的每个栅格像元均表示实际信息的某个值。该值可以为高程数据、污染程度、地下水位高度等。

栅格数据还可以被细分成多个类别，例如，专题数据、图片数据或连续数据。通过栅格数据表示的表面就是连续数据的一种形式。连续数据也指字段数据、非离

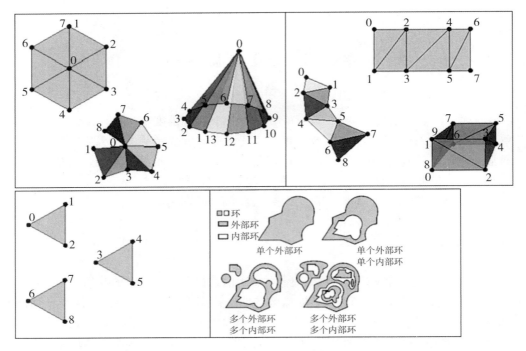

图 6-2-1　多面体数据

散数据或表面数据。

高程模型就是这种栅格表面模型的一种示例。固定点可能是通过摄影测量方法得出的高程点，而在这些高程点之间插值将有助于构建数字高程模型（DEM）。由于栅格表面通常以栅格像元之间间隔均匀的格网格式存储，因此，栅格像元越小，格网的位置精度就越高。

各要素（例如，山顶）的位置是否精确与格网像元的大小直接相关。在图 6-2-2 中，使用了一种非常粗糙的高程表面数据描绘二维平面视图中的表面模型。也可以在 3D 透视图中通过其他图像源生成栅格表面并建立表面模型，例如，带有山体阴影的高分辨率 DEM。

2. TIN 数据

TIN 以数字方式来表示表面形态，GIS 社区多年来一直采用此方法。TIN 是基于矢量的数字地理数据的一种形式，它通过将一系列折点（点）组成三角形来构建（图 6-2-3）。各折点通过由一系列边进行连接，最终形成一个三角网。形成这些三角形的插值方法有很多种，例如，Delaunay 三角测量法或距离排序法。ArcGIS 支持 Delaunay 三角测量方法。

生成的三角测量满足 Delaunay 三角形准则，这确保没有任何折点位于网络中三角形的任何外接圆内部。如果 TIN 上的任何位置都符合 Delaunay 准则，则所有三角形的最小内角都将被最大化。这样会尽可能避免形成狭长三角形。

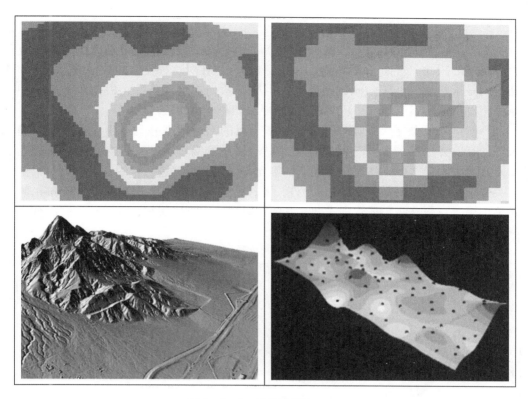

图 6-2-2 栅格数据和 DEM

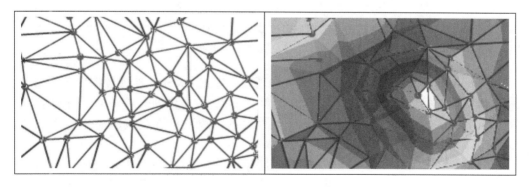

图 6-2-3 TIN 数据

TIN 的各边可形成不叠置的连续三角面，可用于捕捉在表面中发挥重要作用的线状要素（如山脊线或河道）的位置。在图 6-2-3 两幅图中，左图显示了 TIN 的结点和边，右图显示了 TIN 的结点、边和面。

由于结点可以不规则地放置在表面上，所以在表面起伏变化较大或需要更多细节的区域，TIN 可具有较高的分辨率，而在表面起伏变化较小的区域，则可具有较低的分辨率。

3. Terrain 数据集

遥感高程数据（如激光雷达和声纳点的测量值）在数量上可达几十万甚至上百万之多。因此，对如今大多数硬件和软件而言，在对这种类型的数据进行管理和建模时是很麻烦的。Terrain 数据集允许生成一系列规则和条件，根据此类规则和条件将源数据的索引编成一组动态生成的有序 TIN 金字塔。

Terrain 数据集是管理地理数据库中基于点的大量数据并动态生成高质量精确表面的有效方法（图 6-2-4）。激光雷达、声纳和高程的测量值在数量上可达几十万甚至数十亿之多。在很多情况下，不允许对此类数据进行组织、分类以及根据此类数据生成 3D 产品。而且即使允许，要执行这些操作也会相当困难。Terrain 数据集可用于克服这些数据管理难题，它能够对源数据进行编辑，并且在不同的分辨率下均可生成具有高精度的 TIN。

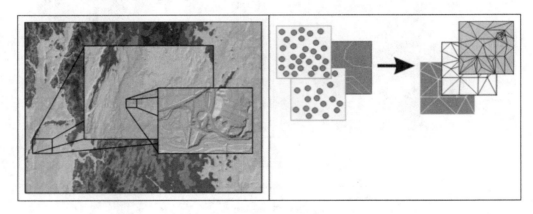

图 6-2-4 Terrain 数据集

Terrain 位于个人地理数据库、文件地理数据库或 ArcSDE 地理数据库中要素数据集的内部。而要素数据集中的其他要素类可以参与 Terrain 中或者真正地嵌入 Terrain 中，这样一来，创建完 Terrain 数据集后，源数据在离线状态下也可以被移动。

Terrain 数据集既可嵌入源数据也可引用源数据，这是它独有的特点。通过为每个测量数据点建立索引可生成一系列 TIN 金字塔，每一金字塔的参与结点（源点）数依次减少。这使得 ArcMap 和 ArcGlobe 能以所需的任意分辨率动态生成 TIN。在小比例下显示数据需要的点较少，因此渲染后获得的 TIN 分辨率较低。随着查看器放大显示画面，数据集中包含的区域越来越小，但分辨率越来越高，点的密度随之增大，但不会对性能产生影响，因为只对显示区域渲染高分辨率表面。

4. LAS 数据集

LAS 数据集存储对磁盘上一个或多个 LAS 文件以及其他表面要素的引用（图 6-2-5）。LAS 文件采用行业标准二进制格式，用于存储机载激光雷达数据。LAS

数据集允许以原生格式方便快捷地检查 LAS 文件，并在 LAS 文件中提供了激光雷达数据的详细统计数据和区域。

LAS 数据集还可存储包含表面约束的要素类的引用。表面约束为隔断线、水域多边形、区域边界或 LAS 数据集中强化的任何其他类型的表面要素。

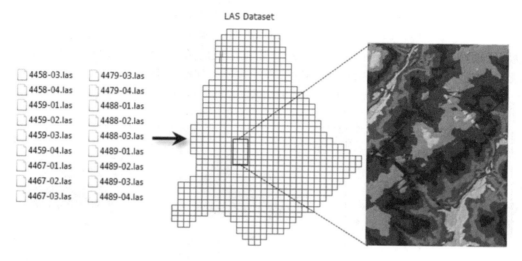

图 6-2-5　LAS 数据

最初，激光雷达数据以 ASCII 格式交付。由于激光雷达数据集合非常庞大，所以不久之后，开始采用一种称为 LAS 的二进制格式来管理和标准化激光雷达数据的组织和传播方式。现在以 LAS 表示的激光雷达数据十分常见。LAS 是一种可接受性更强的文件格式，因为 LAS 文件包含的信息更多，而且由于采用二进制，所以导入程序可以更高效地读取。

每个 LAS 文件都在页眉块中包含激光雷达测量的元数据，然后是所记录的每个激光雷达脉冲的单个记录。每个 LAS 文件的页眉部分都保留有激光雷达测量本身的属性信息：数据范围、飞行日期、飞行时间、点记录数、返回的点数、使用的所有数据偏移以及使用的所有比例因子。为 LAS 文件的每个激光雷达脉冲保留以下激光雷达点属性：x、y、z 位置信息，GPS 时间戳，强度，回波编号，回波数目，点分类值，扫描角度，附加 RGB 值，扫描方向，飞行航线的边缘，用户数据，点源 ID 和波形信息。

思考和实验：

ArcGIS3D 数据类型有哪些，与 SuperMap 的 3D 数据类型有什么区别？

第三节 三维分析

三维分析是使用 3D 集合运算符研究和确定各个 3D 要素之间关系的过程（图 6-3-1）。3D 集合运算符是一组地理处理工具，能够在 ArcGIS 中对 3D 要素进行几何比较。它们可用于研究和确定各 3D 要素之间的关系，例如，检查一个要素是否位于另一要素内部。它们还可用于根据输入要素创建派生要素，例如，将两个立方体组合成一种复杂形状。共有 6 种 3D 集合运算工具。

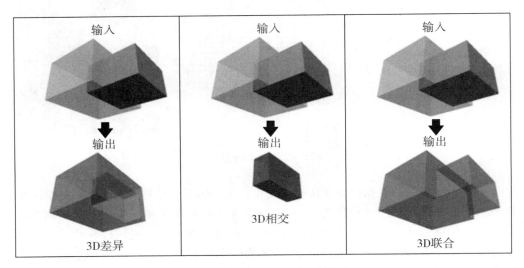

图 6-3-1 3D 集合运算符

三维分析的应用场景很多，下面用 3 个例子展示三维分析功能。

1. 高射炮对飞机飞行路径和走廊的威胁分析

在军事应用中，飞行路径规划的关键部分是评估受到高射炮等威胁的风险。这是固有的 3D 问题，因为该武器的射程基于该威胁和飞机飞行路径之间的 3D 直线距离。

在此示例（图 6-3-2）中，有一个表示表面上高射炮位置的点位置、一条表示飞行路径的 3D 线和一个高程表面（作为栅格 DEM）。高射炮位置和 3D 线是通过在 ArcScene 3D 编辑环境中利用编辑草图属性窗口指定推荐的飞行高程创建的。

假设已知高射炮的类型和型号，您可以填入表示武器有效距离的要素属性。在此特例中，小型炮的有效射程为 3000 m（配备雷达）和 2000 m（未配备雷达），从而总射程分别为 6000 m 和 4000 m。

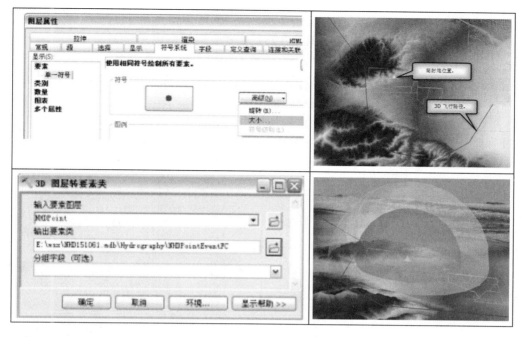

图 6-3-2 3D 构建高射炮威胁分析环境

这些值随后可用于定义符号大小。通过在高射炮图层中多次添加这些值，然后将这些范围用于 3D 球体符号，显示该武器的主攻击范围（或威胁范围）。再使用 3D 图层转要素类地理处理工具将这些符号化的点图层转换为多面体要素，以便您能够对其运行 3D 分析工具。

（1）使 3D 飞行路径与高射炮有效影响范围的球体相交。使飞行路径与高射炮有效影响范围的球体相交，相交的结果是根据线与球体的 3D 相交点将该线分为若干段，从而可以识别位于指定的高射炮 3D 射程内的飞行路径。

分割线包括相交位置起始和终止点要素 ID。您可以根据此信息使用唯一值，多个字段渲染器来定义该图层的符号系统，以及显示沿该飞行路径的各种威胁等级。图 6-3-3 显示了完全位于内部球体内、仅在外部球体内或者完全位于高射炮射程之外的飞行路径。

 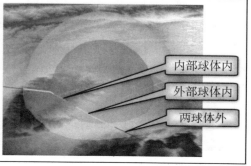

图 6-3-3 飞行路径

(2) 使 3D 飞行路径与高射炮有效影响范围的球体相交并考虑地形。

首先,使用天际线地理处理工具在高射炮位置周围生成天际线。

其次,使用天际线障碍工具基于生成的天际线创建一个 3D 实体。请注意,两个工具都被配置为完全超出高射炮的直射范围,绝对高程可达 7000 m。这样便可确保完全将高射炮周围的 3D 可视空间包围起来。

最后,可使用 3D 相交地理处理工具将两个不同类型的封闭空间(高射炮的有效射程及其周围的可视空间)合并为一个 3D 体积进行分析(图 6-3-4)。

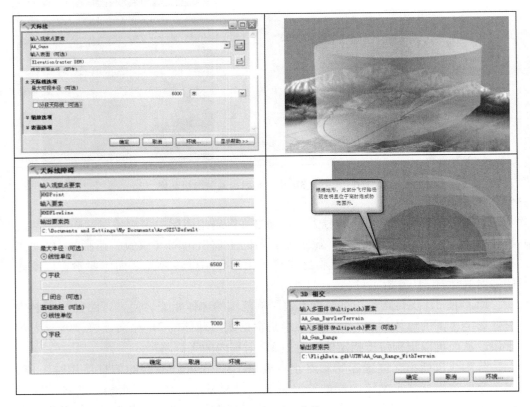

图 6-3-4　3D 实体

(3) 使 3D 飞行走廊与高射炮的威胁范围相交并考虑地形。有多种方式可以创建 3D 飞行走廊(图 6-3-5),其中包括使用可以合并飞机的相关性能的自定义代码。在本示例中,先前使用的 3D 飞行路径是以 100 m 进行缓冲,然后被复制到 3D 面要素类中。然后,使用编辑草图属性窗口在 3D 编辑会话中手动更新要素的 z 值,接下来以 200 m 拉伸该要素,从而创建一个 200 m^2 的飞行走廊。与先前的情况相同,符号化的图层随后通过 3D 图层转要素类工具转换为多面体要素类。

通过对飞行走廊和高射炮威胁范围运行"3D 相交"工具,您可以沿着被归类为危险区域的路径识别和显示 3D 空间(图 6-3-6)。

图 6-3-5　3D 飞行走廊

图 6-3-6　3D 飞行走廊威胁分析结果

2. 评估城市环境中的蒸汽管爆炸

通过 ArcScene 展示如何使用 3D 设置运算符地理处理工具准备数据并执行分析，来确定蒸汽管爆炸污染物导致的威胁。您将创建代表每个建筑物的多面体要素并将其与受威胁区域相交。相同的工作流也适用于 ArcGlobe。

（1）环境创建（3D 设置运算符和闭合的多面体）。要有效地使用 3D 相交地理处理工具，输入要素必须为闭合的多面体。闭合的多面体是一组三角形和环的集合，用于定义单个空间体积。如果建筑物是使用 3D 图层转要素类地理处理工具通过将拉伸的建筑物轮廓线转换为多面体要素来创建的，则该要素已为闭合状态。

如果建筑物是通过转换拉伸面的复杂集合（每个建筑物有多个面，分组为多面体要素）创建的，则这些要素不是闭合的。每个建筑物都具有源面重叠的相交三角形和面相邻的重叠三角形。使用 3D 联合工具合并所有三角形，使它们相交并融合建筑物内部包含的无关要素，可创建闭合的多面体要素（图 6-3-7）。

（2）创建蒸汽管爆炸危险区（图 6-3-8）。接下来，生成代表蒸汽管爆炸影响区域的危险区。创建点要素类，将其添加到 ArcGlobe 或 ArcScene，然后使用 3D 编辑器工具条在爆炸位置添加一个点。打开该图层的图层属性对话框，然后单击符

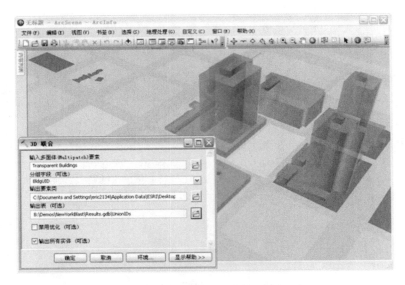

图 6-3-7　创建蒸汽管爆炸分析环境

号系统选项卡，将该点的符号系统更改为简单的标记符号。使用球体符号表示爆炸，并且将球体大小设置为受影响区域的大小。要设置透明度，单击图层属性对话框中的显示选项卡，或者使用 3D 效果工具条并以交互方式设置百分比。

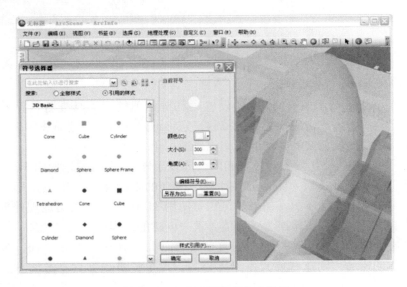

图 6-3-8　3D 创建爆炸危险区

要调整大小，使用符号属性编辑器对话框并分别更改符号的 x、y 和 z 值。在本例中，宽度设置为 100，深度设置为 100，大小设置为 300。最终生成的是一个扁长椭球体，代表爆炸所影响的空间体积（图 6-3-9）。

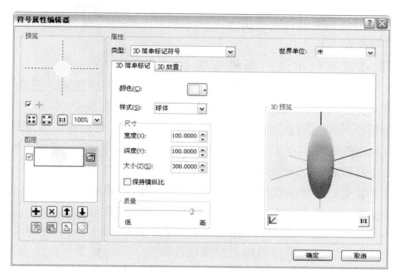

图 6-3-9 调整爆炸危险区尺寸

要完成对危险区的定义,可使用 3D 图层转要素类地理处理工具,将此要素转换为多面体。由于生成的多面体已处于闭合状态,因此无需额外操作即可将爆炸区域与周围建筑物相交。

(3)相交多面体要素。现在,您可以使用 3D 相交地理处理工具在建筑物和蒸汽管爆炸危险区之间创建相交了。以不同颜色对相交区域进行符号化,以高亮显示建筑物表面的哪些部分需要用作污染的样本(图 6-3-10)。

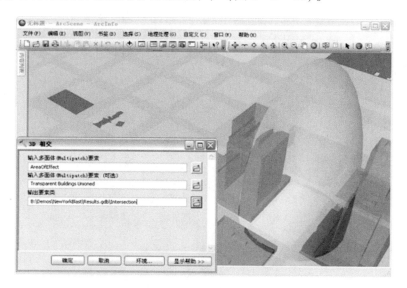

图 6-3-10 爆炸对建筑物的影响分析结果

如果拥有相应的数据,还可以使用新相交几何的结果来选择建筑物的内部要素(如房间)。这样,您便可快速获得一个位置列表,用来检查可能存在的由于窗户破损而导致的污染。

3. 获取建筑物轮廓线的高程信息

建筑物轮廓线是一个常用数据集,可方便地供许多用户使用。创建 3D 建筑物的一种简便方法是使用 ArcGlobe 或 ArcScene 拉伸这些轮廓线。

(1) 根据激光雷达信息创建栅格高程面。首先,将激光雷达信息转换为栅格高程面。从大型激光雷达点集合创建栅格 DEM 和 DSM 指南介绍创建栅格高程面的过程。创建高程面时,确保选择一个可用于确定建筑物高程高度的单元大小。单元大小必须足够小,以便沿轮廓线边缘的高度值可以清楚地定义哪些是建筑物的一部分,哪些不是。通常单元大小为 1 m 即足以有效地捕捉此信息。

(2) 根据随机点建立建筑物轮廓线的高程(图 6-3-11)。由于有了高程图层,可以在随机位置进行采样以确定建筑物的高程。第一步是为各建筑物轮廓线生成一组随机采样点。可以使用创建随机点地理处理工具生成一组随机采样点,这些点受建筑物轮廓线约束并引用其唯一对象标识符。为每个建筑物轮廓线创建的点数自由决定。采样点越多,平均高度越精确,但处理时间越长。设置采样点间允许的最小距离时,请记住,该距离不应小于采样栅格中的单元大小。否则,最终可能需要对一些单元进行重新采样。

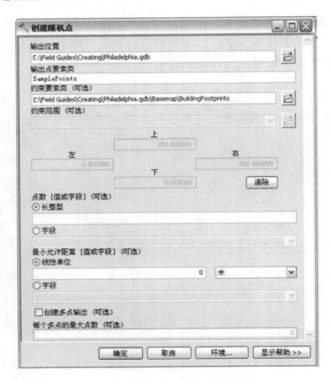

图 6-3-11 创建随机点界面

结果为包含点组的新要素类，每组对应一个建筑物。请注意，各建筑物可能不具有在地理处理工具中指定的采样点总数。该工具在无法放置新点时将停止创建点，以便不违反允许的最小距离（图6-3-12）。

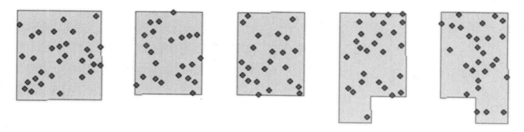

图6-3-12　建筑物轮廓内的随机点

再使用添加表面信息地理处理工具将高程信息（来自从激光雷达得到的第一次回波栅格高程面）作为属性添加到各个点（图6-3-13）。

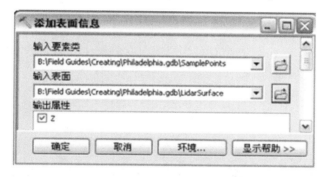

图6-3-13　添加表面信息

使用包含初始建筑物轮廓线中的对象标识符的字段作为案例分组字段，以汇总各建筑物的值。然后，可以使用对象标识符将汇总表重新连接到建筑物轮廓线（图6-3-14）。

在 ArcGlobe 或 ArcScene 中将轮廓线显示为建筑物与将拉伸用作3D符号系统一样简单。打开图层属性对话框，首先启用拉伸图层中的要素选项。使用表达式构建器计算器选择拉伸所依据的属性。接下来，设置拉伸值时，确保将拉伸方法设置为将其用作要素的拉伸数值。要成功完成拉伸过程，需要添加和指定轮廓线图层的高程面（"图层属性"中的"高程"选项卡）。否则，轮廓线将从0高程（海平面）拉伸到各建筑物的屋顶高程（图6-3-15）。

（3）确定建筑物轮廓线的高度。具有建筑物轮廓线屋顶的高程值后，接下来要计算各建筑物的高度。为此，需要使用各建筑物的地面高程。有多种不同方法可确定建筑物轮廓线的地面高程。如果您有权使用激光雷达的后处理裸露地面版本或高分辨率裸露地面数字高程模型，就可以很容易地收集各建筑物轮廓线的高程信

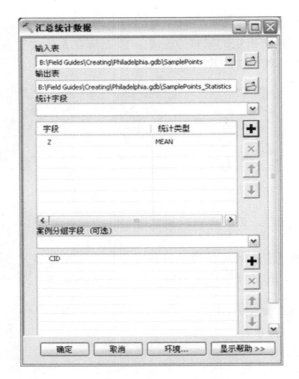

图 6-3-14　汇总统计数据界面

图 6-3-15　对建筑物轮廓在高程方向进行拉伸的结果

息。使用在前一部分中讨论的相同方法为各建筑物开发采样点,并从裸露地面栅格面高程图层收集高程信息。按建筑物将这些采样值汇总为单一值,并将其重新连接到源数据。向原始数据添加一个字段,并从裸露地面高程中减去建筑物的屋顶高程。结果为各建筑物的高度值。

思考和实验:

在 ArcGIS10.5 帮助里面,找出三维分析实验系列指南,按照指南做实验。

第四节 倾斜摄影测量

倾斜摄影测量技术以大范围、高精度、高清晰的方式全面感知复杂场景,通过高效的数据采集设备及专业的数据处理流程生成的数据成果直观反映地物的外观、位置、高度等属性,为真实效果和测绘级精度提供保证。同时,有效提升模型的生产效率,采用人工建模方式一两年才能完成的一个中小城市建模工作,通过倾斜摄影建模方式只需要 3～5 个月时间即可完成,大大降低了三维模型数据采集的经济代价和时间代价。

一、倾斜摄影概念

倾斜摄影技术是国际测绘遥感领域近年发展起来的一项高新技术,通过在同一飞行平台上搭载多台传感器(如图 6-4-1 所示,目前常用的是五镜头相机),同时从垂直、倾斜等不同角度采集影像,获取地面物体更为完整准确的信息。垂直地面角度拍摄获取的影像称为正片(一组影像),镜头朝向与地面成一定夹角拍摄获取的影像称为斜片(四组影像)。

二、倾斜影像采集

倾斜摄影技术不仅在摄影方式上区别于传统的垂直航空摄影,其后期数据处理及成果也大不相同。倾斜摄影技术的主要目的是获取地物多个方位(尤其是侧面)的信息并可供用户多角度浏览、实时量测、三维浏览等获取多方面的信息。

倾斜摄影系统分为三大部分,第一部分为飞行平台,小型飞机或者无人机;第二部分为人员,机组成员和专业航飞人员或者地面指挥人员(无人机);第三部分为仪器部分,传感器(多头相机、GPS 定位装置获取曝光瞬间的 3 个线元素 x、y、z)和姿态定位系统(记录相机曝光瞬间的姿态,3 个角元素 φ、ω、κ)。

倾斜摄影的航线设计采用专用航线设计软件进行设计,其相对航高、地面分辨率及物理像元尺寸满足三角比例关系。航线设计一般采取 30% 的旁向重叠度、

图 6-4-1 倾斜摄影测量原理

66%的航向重叠度,目前要生产自动化模型,旁向重叠度需要到达 66%,航向重叠度也需要达到 66%。航线设计软件生成一个飞行计划文件,该文件包含飞机的航线坐标及各个相机的曝光点坐标位置。实际飞行中,各个相机根据对应的曝光点坐标自动进行曝光拍摄。

三、倾斜影像加工

数据获取完成后,首先要对获取的影像进行质量检查,对不合格的区域进行补飞,直到获取的影像质量满足要求;其次进行匀光匀色处理,在飞行过程中存在时间和空间上的差异,影像之间会存在色偏,这就需要进行匀光匀色处理;再次进行几何校正、同名点匹配、区域网联合平差,最后将平差后的数据(3 个坐标信息及 3 个方向角信息)赋予每张倾斜影像,使得他们具有在虚拟三维空间中的位置和姿态数据。至此倾斜影像即可进行实时量测,每张斜片上的每个像素对应真实的地理坐标位置。

倾斜摄影测量技术通常包括影像预处理、区域网联合平差、多视影像匹配、DSM 生成、真正射纠正、三维建模等关键内容及其基本原理(图 6-4-2)。

第六章 三维显示与分析

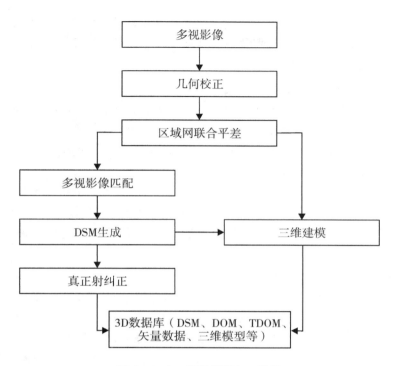

图6-4-2 倾斜摄影加工流程

1. 多视影像联合平差

多视影像不仅包含垂直摄影数据，还包括倾斜摄影数据，而部分传统空中三角测量系统无法较好地处理倾斜摄影数据，因此，多视影像联合平差需充分考虑影像间的几何变形和遮挡关系。结合 POS 系统提供的多视影像外方位元素，采取由粗到精的金字塔匹配策略在每级影像上进行同名点自动匹配和自由网光束法平差，得到较好的同名点匹配结果。同时，建立连接点和连接线、控制点坐标、GPS/IMU 辅助数据的多视影像自检校区域网平差的误差方程，通过联合解算，确保平差结果的精度。

2. 多视影像密集匹配

影像匹配是摄影测量的基本问题之一，多视影像具有覆盖范围大、分辨率高等特点。因此，如何在匹配过程中充分考虑冗余信息，快速准确地获取多视影像上的同名点坐标，进而获取地物的三维信息是多视影像匹配的关键。

由于单独使用一种匹配基元或匹配策略往往难以获取建模需要的同名点，因此近年来随着计算机视觉发展起来的多基元、多视影像匹配逐渐成为人们研究的焦点。目前，在该领域的研究已取得很大进展，例如，建筑物侧面的自动识别与提取。通过搜索多视影像上的特征如建筑物边缘、墙面边缘和纹理来确定建筑物的二维矢量数据集影像上不同视角的二维特征可以转化为三维特征，在确定墙面时，可以设置若干影响因子并给予一定的权值，将墙面分为不同的类，将建筑的各个墙面进行平面扫描和分割获取建筑物的侧面结构，再通过对侧面进行重构提取出建筑物屋顶的高度和轮廓。

3. 数字表面模型生产

多视影像密集匹配能得到高精度、高分辨率的数字表面模型（DSM），充分表达地形地物起伏特征，已经成为新一代空间数据基础设施的重要内容。由于多角度倾斜影像之间的尺度差异较大，加上较严重的遮挡和阴影等问题，基于倾斜影像的DSM自动获取存在新的难点。

可以首先根据自动空三解算出来的各影像外方位元素，分析与选择合适的影像匹配单元进行特征匹配和逐像素级的密集匹配，并引入并行算法，提高计算效率。在获取高密度DSM数据后，进行滤波处理，并将不同匹配单元进行融合，形成统一的DSM。

4. 真正射影像纠正

多视影像真正射纠正涉及物方连续的数字高程模型（DEM）和大量离散分布粒度差异很大的地物对象，以及海量的像方多角度影像，具有典型的数据密集和计算密集特点。因此，多视影像的真正射纠正，可分为物方和像方同时进行。在有DSM的基础上根据物方连续地形和离散地物对象的几何特征，通过轮廓提取、面片拟合、屋顶重建等方法提取物方语义信息，同时在多视影像上通过影像分割、边缘提取、纹理聚类等方法获取像方语义信息，再根据联合平差和密集匹配的结果建立物方和像方的同名点对应关系，继而建立全局优化采样策略和顾及几何辐射特性的联合纠正，同时进行整体匀光处理，实现多视影像的真正射纠正。

5. 倾斜模型生产

倾斜摄影获取的倾斜影像经过影像加工处理，通过专用测绘软件可以生产倾斜摄影模型，模型有两种成果数据：一种是单体对象化的模型，一种是非单体化的模型数据。

（1）单体化的模型成果数据，利用倾斜影像的丰富可视细节，结合现有的三维线框模型（或者其他方式生产的白模型），通过纹理映射生产三维模型，这种工艺流程生产的模型数据是对象化的模型，单独的建筑物可以删除、修改及替换，其纹理也可以修改，尤其是建筑物底商这种时常变动的信息，这种模型就能体现出它的优势，国内比较有代表性的公司如天际航、东方道迩等均可以生产该类型的模型，并形成了自己独特的工艺流程。

（2）非单体化的模型成果数据，后面简称倾斜模型，这种模型采用全自动化的生产方式，模型生产周期短、成本低，获得倾斜影像后，经过匀光匀色等步骤，通过专业的自动化建模软件生产三维模型，这种工艺流程一般会经过多视角影像的几何校正、联合平差等处理流程，可运算生成基于影像的超高密度点云，点云构建TIN模型，并以此生成基于影像纹理的高分辨率倾斜摄影三维模型，因此也具备倾斜影像的测绘级精度。影像提取的中间数据（点云）效果图，如图 6-4-3 所示：

图 6-4-3　倾斜摄影测量结果

　　这种全自动化的生产方式大大减少了建模的成本，模型的生产效率大幅提高，大量的自动化模型涌现出来，目前国内比较有代表性的技术有上海埃弗艾代理的（Smart3DCapure）、华正及 AirBus 代理的（街景工厂）等。Smart3DCapure 软件基于图形运算单元 GPU 的快速三维场景运算软件，可运算生成基于真实影像的超高密度点云，它能无需人工干预地从简单连续影像中生成逼真的三维场景模型，国内使用该软件的公司和单位有（广州红鹏、上海航遥、四维数创、河北测绘院、四川测绘院、湖南第二测绘院等）。像素工厂通过对获得的倾斜影像进行几何处理、多视匹配、三角网构建，提取典型地物的纹理特征，并对该纹理进行可视化处理，最终得到三维模型；国外代表性的有苹果公司收购 C3 公司采用的自动建模技术，美国 Pictometry 公司的 Pictometry 倾斜影像处理软件提供了 EFS（electronic field study）。

　　无论是单体化的还是非单体化的倾斜摄影模型，在如今的 GIS 应用领域都发挥了巨大的作用，真实的空间地理基础数据为 GIS 行业提供了更为广阔的应用基石。

　　倾斜摄影是从高空中获取地面信息，当在建筑较为密集的区域或者树木遮挡较

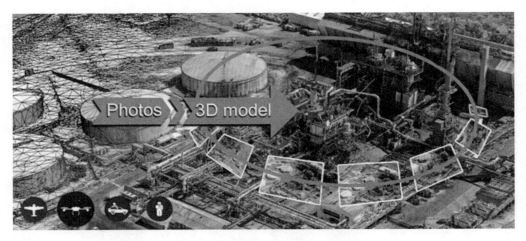

图 6-4-4 倾斜摄影测量优势

为严重的区域,这种自动化建模效果就表现得比较一般,这些区域除了通过补拍等其他手段获取信息外,也可以采用街景或者全景数据融合建模,这样建筑物底部同样可以达到比较好的效果(图 6-4-4)。

这种以"全要素、全纹理"的方式来表达空间,提供了不需要解析的语义,是物理城市的全息再现,倾斜摄影三维技术是当今三维建模技术的主流,也代表着未来的发展方向。

思考和实验:
(1) 倾斜摄影测量原理是什么,与普通摄影测量有什么区别?
(2) 倾斜摄影测量后期数据处理常用的工具有哪些?

第七章 地图制图

第一节 基本地图制图

一、地图制图原理

地图制图，是一个可以用数据处理地图的可视化和表达，无论是以模拟的 2D 纸质地图、数字 3D 模型或动画的制图绘制。

地图制图同许多学科都有联系，尤其同测量学、地理学和数学的联系更为密切。测量学给地图制图提供地面控制成果和实测地形原图。地理学为地图制图提供认识和反映地理环境及其空间分布规律的基础。地图制图学的地图投影就是以数学为工具阐明其原理和方法的；地图内容各要素选取指标已运用数理统计和概率论的概念；计算机辅助地图制图更需要各种应用数学。此外，地图制图学还同 GIS、遥感技术、色彩学、美学、计算机科学等息息相关。

计算机制图已经取代传统的地图制图，成为现代地图制图的主要方式。以计算机及由计算机控制的输入、输出设备为主要工具，计算机制图是通过数据库技术和数字处理方法来制图的。在制图的过程中，以数字形式在系统内部传递地理信息，通过数据的处理对图形进行转换，因此计算机制图又被称为全数字制图。制图技术的变革就是计算机地图制图，也改变了制图工艺的流程，不过在确定地图投影和比例尺、地图表示方法、制图综合原则等制图理论方面和传统的制图并没有实质性的区别。

计算机制图技术的应用，使得制图设计工作进入了一个崭新的境界，它给地图制图及设计人员提供了强大的支持与保障，它可以使设计的意图充分表现出来，设计者不必畏手畏脚，担心设计思想实现不了。地图资料信息源的扩大和数据采集技术的发展，搜集资料不再是难事，庞大的地图数据库可以让人们开拓视野、放宽思路，使地图制图的目的和地图的用途随设计者的愿望而实现，计算机软硬件强大的功能及其附属的输入输出设备的高度精确性、稳定性使得诸如地图投影的选择、符号的配置、线划的质量、比例尺的改变、地图的整饰等传统作业方式下比较繁琐的工作都已不再有任何困难，计算机可以给设计工作提供一个交互的、所见即所得的工作界面，不但可以提高设计工作的效率，而且可以保证设计方案的质量，避免重复返工现象，缩短成图周期。计算机三维技术、动画技术、多媒体技术、图形图像技术的发展，实现各种功能的软件浩如烟海，各种硬件设备的成熟，这些条件可以让我们充分利用计算机进行创意设计，新技术条件下的创意设计不仅使得传统地图的设计锦上添花，而且使电子地图、三维立体地图等新的地图产品把地图的艺术表现手法提高到一个新的层次，令人耳目一新，使地图除了最基本的实用功能外，有了更多的科技含量和更高的艺术魅力。

二、ArcMAP 制图功能介绍

ArcMap 可将地理信息表示为地图视图中的图层和其他元素的集合。ArcMap 中共有两种主要的地图视图：数据视图和布局视图。

在 ArcMap 数据视图中，地图即为数据框（图 7-1-1）。活动的数据框将作为地理窗口，可在其中显示和处理地图图层。在数据框内，您可以通过地理（实际）坐标处理通过地图图层呈现的 GIS 信息。通常，它们属于地面测量值，单位采用英尺、米或经纬度（如十进制度）测量值。数据视图会隐藏布局中的所有地图元素（如标题、指北针和比例尺），从而使您能够重点关注单个数据框中的数据，如进行编辑或分析等。

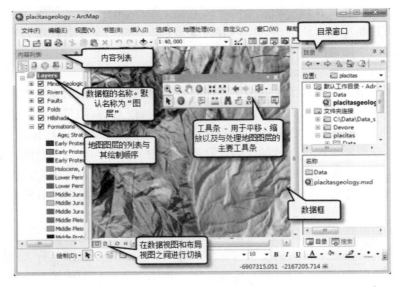

图 7-1-1　ArcMap 地图主界面功能

布局视图用于设计和创作地图，以便进行打印、导出或发布。您可以在页面空间内管理地图元素（通常以英寸或厘米为单位），可以添加新的地图元素以及在导出或打印地图之前对其进行预览。常见的地图元素包括带有地图图层的数据框、比例尺、指北针、符号图例、地图标题、文本和其他图形元素。

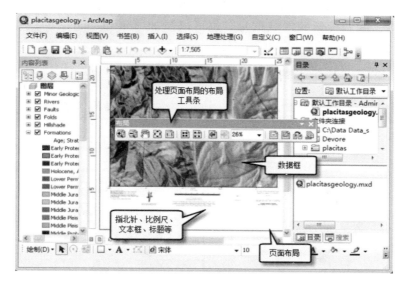

图 7-1-2 ArcMap 布局主界面功能

ArcMap 提供了丰富的地图制图功能，主要包括地图文档、图层管理、符号和样式等（图 7-1-2）。

1. 地图文档

可在 ArcMap 中使用且以文件形式存储在磁盘中的地图。各地图文档中包含有关地图图层、页面布局和所有其他地图属性的规范。通过地图文档，您可以方便地在 ArcMap 中保存、重复使用和共享您的工作内容。双击某个地图文档会将其作为新的 ArcMap 会话打开。

2. 图层管理

地图图层定义了 GIS 数据集如何在地图视图中进行符号化和标注（即描绘）。每个图层都代表 ArcMap 中的一部分地理数据，例如，具有特定主题的数据。各种地图图层的例子包括溪流和湖泊、地形、道路、行政边界、宗地、建筑物覆盖区、公用设施管线和正射影像。

每个图层都会引用存储在地理数据库、Coverage、Shapefile 和栅格等中的数据集。向地图中添加图层很简单，只需选择某个数据集并将其从目录或搜索窗口拖到地图中，或者使用添加数据按钮即可添加。

将每个图层添加到地图中后，您通常要设置符号系统和标注属性，并编排内容列表中图层的绘制顺序以使地图正常工作。

如果使用 ArcMap 支持的格式存储数据，则可以直接以图层的形式将其添加到地图中。如果数据未使用支持的格式进行存储，您可以使用 ArcToolbox 中的数据转换实用工具或 Data Interoperability 扩展模块转换任意数据并将其显示在地图中。

添加地图图层有多种方法，包括添加数据、复制或拖动图层、从目录窗口中拖动数据集等，或者搜索到的数据集，也可以添加 ArcGIS Online 的数据（图 7 - 1 - 3）。

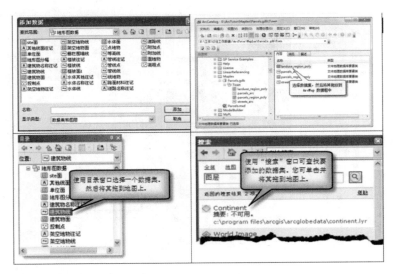

图 7 - 1 - 3　添加数据的方法

3. 符号和样式

符号以图形方式对地图中的地理要素、标注和注记进行描述、分类或排列，以找出并显示定性关系和定量关系。根据符号绘制的几何类型，可将其分为四类：标记、线、填充和文本。符号通常用于在图层级别应用于要素组，但布局中的图形和文本也可使用符号进行绘制。可创建符号并直接将其应用于要素和图形，还可将多种符号组合到一起进行存储、管理和共享，这些组合到一起的符号统称为样式（图 7 - 1 - 4）。

4. 使用 ArcMap 制作地图

ArcMap 是用来编辑和制作地图的软件，包括对初始数据进行预处理、各图层名称修改、地图数据导入、设置 xy 坐标系、图层的属性修改（颜色等）操作。下面以广州市导航电子地图制作为例，展示如何在 ArcMap 中进行地图制作。

在使用 ArcMap 进行绘制地图时，我们需要使用地图文档（.mxd），它在 ArcMap 中使用且以文件形式存储在磁盘中。各地图文档中包含有关地图图层、页面布局和所有其他地图属性的规范。通过地图文档，可以方便地在 ArcMap 中保存、重复使用和共享工作内容。双击某个地图文档会将其作为新的 ArcMap 会话打开（图 7 - 1 - 5）。

图 7-1-4 图层和样式管理器

图 7-1-5 添加数据

在基本地图制造中,需要先对数据进行预处理:打开 ArcMap,将广州市基础电子地图数据导入。在城市地图中,涉及的单位、设施、场所等众多,因此在例子中的广州市地图中,各地点也用相应的拼音缩写代替。

由图 7-1-5 可见,基础电子地图数据命名非常不易于辨别,为了后期的操作,需要打开 ArcCatalog 对数据进行重命名(图 7-1-6)。

经过推测,数据英文为对应拼音缩写,譬如"BGFD"即代表"宾馆饭店",如此类推,将其余数据依次重命名,命名结果如下(图 7-1-7)。

(1)地图数据导入。在对各地图数据进行重命名后,需要将数据导入到 Arc-

Name	Type
CSDLM_PG.shp	Shapefile
CSDLZXX_PL.shp	Shapefile
CY_PT.shp	Shapefile
DZJG_PT.shp	Shapefile
GAJG_PT.shp	Shapefile
GL_PL.shp	Shapefile
HDCS_PT.shp	Shapefile
JCQZZZZZ_PT.shp	Shapefile
JMDBZ_ANN.shp	Shapefile
JMSHFWJG_PT.shp	Shapefile
JRZQ_PT.shp	Shapefile
JTCS_PT.shp	Shapefile
JY_PT.shp	Shapefile
JYZ_PT.shp	Shapefile
JZW_PG.shp	Shapefile
KYSJ_PT.shp	Shapefile

图 7-1-6　Shape 数据列表

图 7-1-7　修改图层名称

Map 中。

打开 ArcCatalog，新建一个"文件地理数据库"，命名为"guangzhou"。将前一步中重命名过的数据全部导入（右键→导入→要多个素类）。

由于在后一步 ArcMap 中导入 guangzhou.gdb 会出现图 7-1-8 所示"未知的空间参考"，因此需要对部分数据定义 xy 坐标系（图 7-1-8）（右图中，导入→选择城市道路面→确定，即可完成定义）：

地图图层定义了 GIS 数据集如何在地图视图中进行符号化和标注（即描绘）。每个图层都代表 ArcMap 中的一部分地理数据，例如具有特定主题的数据。各种地图图层的例子包括溪流和湖泊、地形、道路、行政边界、宗地、建筑物覆盖区、公

图 7-1-8 空间参考定义

用设施管线和正射影像。

在这里（图 7-1-9），城市地图中的图层为各类设施用地。

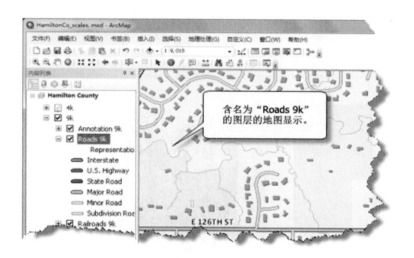

图 7-1-9 地图图层设置

在 ArcMap 页面中有一栏为内容列表，内容列表中将列出地图上的所有图层并显示各图层中要素所代表的内容。每个图层旁边的复选框可指示当前其显示处于打开状态还是关闭状态。内容列表中的图层顺序决定着各图层在数据框中的绘制顺序（从下到上）。

地图的内容列表有助于管理地图图层的显示顺序和符号分配，还有助于设置各地图图层的显示和其他属性（图 7-1-10）。

在完成地图导入后，需要生成地图。此时您需要打开 ArcMap，选择空白模板，将上一步所建立的数据库 guangzhou.gdb 添加进来，由于各图层代表了不同的设施场地，在这里您需要将图层全部打开，完成后的效果如图 7-1-11 所示：

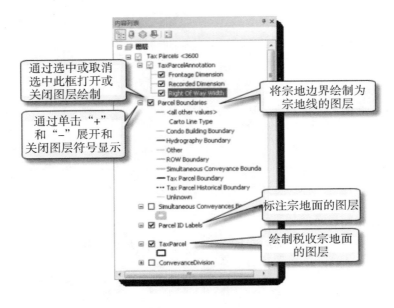

图 7-1-10　示例图层含义

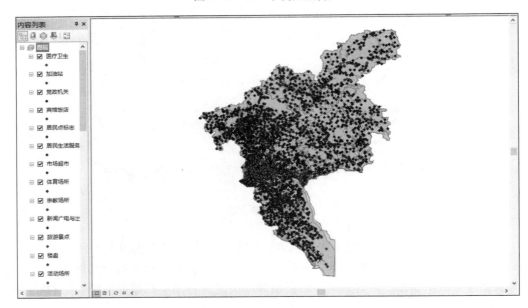

图 7-1-11　广州地图数据

（2）地图区域处理。上一步中介绍到，各图层代表不同的含义，因此当需要对某一图层进行操作时，需要将其他图层设置为不显示的状态，右键关闭所有图层。当需要对某个图层的属性进行修改时（如地图符号和标注规则），可在内容列表中右键单击图层，然后单击属性或者直接双击图层名称。

第七章 地图制图

此处您需要对广州各区域进行颜色区分处理，打开"省市县区界"图层（右键→缩放至图层），可发现广州地图中各区域颜色一致（图7－1－12）。

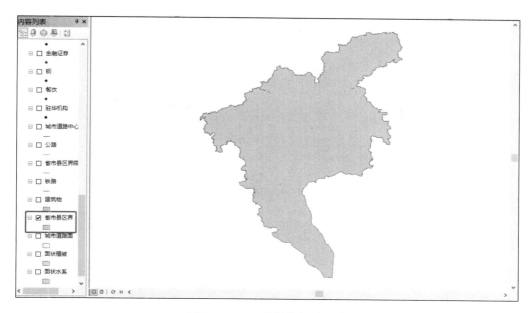

图7－1－12 错误的行政区域

出于美观以及辨识度的考虑，您需要将12个区域设置为不同颜色。步骤为：
（1）右键点击"省市县区界"图层，选择属性，出现此框（图7－1－13）：

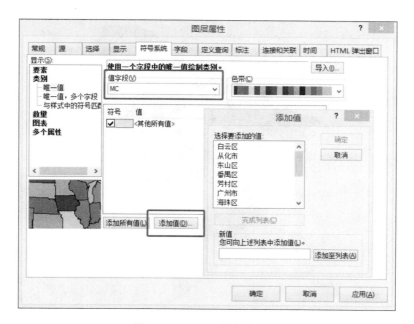

图7－1－13 图层颜色设置

(2) 点击"符号字段"→"类别"→"值字段",选择 MC 作为值字段。
(3) 点击"添加值"将所有值(除去广州市)选中,点击"确定"。
(4) 不勾选"其他所有值"(图 7-1-14),点击"确定"。

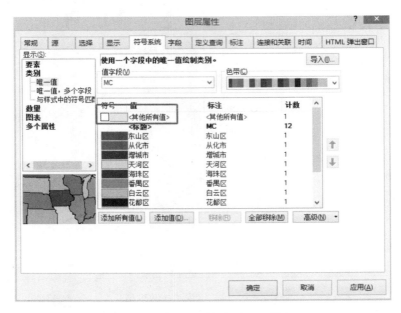

图 7-1-14　图层颜色专题图设置

(5) 最后,可得到如下广州市各区域分色图(图 7-1-15):

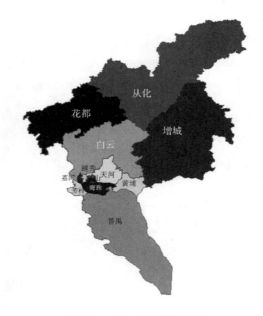

图 7-1-15　颜色设置结果

（6）又由于地图文件为若干年前的数据，目前广州市行政区域部分发生改变，因此，需要将芳村区并入荔湾区，将东山区并入越秀区（图7-1-16）。

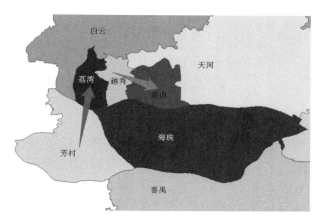

图7-1-16　行政区合并需求

具体操作如下：
（1）在菜单栏中的"自定义"选中"编辑器"。
（2）在编辑器中选择"开始编辑"。
（3）左键选择东山区，同时按下"Shift键"，点击"越秀区"，当两个区域同时选中时，点击"编辑器"中的"合并"，即可将两个区域合并。同理，也可将芳村区与荔湾区进行合并。
（4）效果图（图7-1-17）如下：

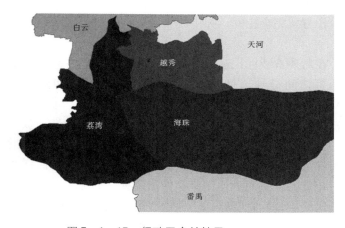

图7-1-17　行政区合并结果

（5）在编辑中，点击"开始编辑"后可能会弹出以下框，原因为数据目前的形式为"只读"，因此需要在文件夹中将全部数据取消已读形式。右键全选所有数据→属性→取消已读，即可解决这个问题。

思考和实验：

找一幅城市地形图数据，做地图基本制图实验，或者在数据采集实验基础上，完善地图制图工作。

第二节　地图符号定制

符号以图形方式对地图中的地理要素、标注和注记进行描述、分类或排列，以找出并显示定性关系和定量关系。根据符号绘制的几何类型，可将其分为四类：标记、线、填充和文本。符号通常用于在图层级别应用于要素组，但布局中的图形和文本也可使用符号进行绘制。可创建符号并直接将其应用于要素和图形，还可将多种符号组合到一起进行存储、管理和共享，这些组合到一起的符号统称为样式。

通过符号可绘制地图上的地理要素、文本和图形。如果已准备好将符号应用到图层中的要素或者应用到地图或布局中的图形，可使用符号选择器对话框从其中一种可用样式中选择符号，如果必要还可以先修改此符号，然后再应用此符号。

样式是符号和其他可重复使用的地图元素组成的集合。在这里我们可以使用样式管理器对话框来查看、创建和修改样式及其内容。

本节中将概述在操作符号和样式时会用到的一些主要对话框。

使用符号绘制要素、图形和文本时，这些要素、图形和文本会显示在地图上。要找出适合的符号以便应用到这些元素中，此时可以在符号选择器对话框中浏览或搜索可用的符号。适用于每种符号类型（标记、线、填充或文本）的对话框各不相同，但操作方式完全相同。弹出哪个对话框取决于正在进行符号化处理的元素的类型。

通常，在对要素或注记进行符号化处理时，在内容列表或在图层属性对话框中单击符号即可访问符号选择器对话框。操作图形元素时也可访问符号选择器对话框。

符号选择器对话框将显示包含所有当前类型符号的选项板，而这些符号位于当前引用的任意样式或个人样式中。通常，可以引用某幅特定地图必须采用的样式，也可以引用很可能会经常用到的样式。引用某种样式表示此样式中的符号在符号选择器中呈可用状态，从而方便浏览和做出选择。而无论某样式是否已被引用，都始终可以从该样式中自由选择符号。通过在符号选择器对话框中单击样式引用按钮打开样式引用对话框即可管理被引用符号的列表。

当符号选择器中没有所想要使用的符号时，我们可以选择定制符号。同样的，我们以上文初步完成的广州地图做例子。

在定制符号时，可通过两种方式创建新符号。其一，可以对某一现有符号进行修改，然后在符号选择器对话框中将此符号应用于要素或图形，之后，可选择将此符号保存到样式中以供重复使用。其二，还可以使用样式管理器对话框在样式中直接创建新符号。

1. 在符号选择器中创建新符号

将符号应用于要素或图形时，请首先在符号选择器对话框中选择这些符号。选择后，您可以修改这些符号的任何属性。可以在符号选择器对话框中直接更改颜色、大小等基本属性。可以在符号属性编辑器对话框中访问更多高级属性，单击编辑符号按钮即可打开此对话框。之后，可直接应用新符号，还可选择将其保存在样式中以便稍后重复使用（图7-2-1）。

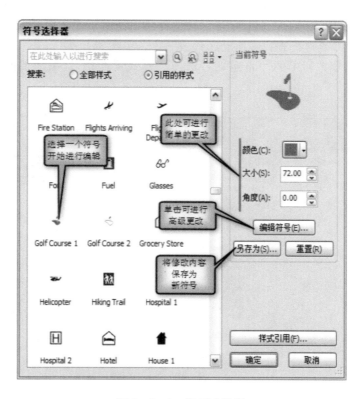

图7-2-1 符号选择器

在符号选择器中创建新符号的步骤如下：
（1）从符号选择器对话框中选择一个符号作为初始符号。
（2）使用当前符号框中的控件在符号选择器对话框中直接更改大小、颜色等基本符号属性。
（3）要进行其他更改，请单击编辑符号按钮打开符号属性编辑器对话框。
（4）如果要重复使用或共享此符号，请单击"另存为"按钮保存此符号。可以为此符号指定名称、类别和多个描述性搜索标签,还可以选择用于保存此符号的样式。

(5)要将新符号应用于当前所选的要素或元素,请在符号选择器对话框中单击"确定"。

2. 在样式管理器中创建新符号

虽然创建地图时按需要创建符号较为方便,但是某些情况下,在开始操作前构建一个包含各符号的完整样式将获得更高效率。如果要构建一组符号以实现地图规范中所定义的特定特征,此方式尤其适用。这种情况下,可以在样式管理器对话框中将符号直接构建为样式。开始创建地图时,这些符号将可供搜索和使用。

在广州地图中,可见有众多不同的活动区,因此这一步是为各不同的活动区设置独特的图层样式。ArcMap 中有若干备选样式,但由于无法完全清晰展示出活动区性质,因此需要自行查找各活动区代表图片。步骤如下:

(1)点击菜单栏中的"自定义"选择"样式管理器",出现下框(图7-2-2):

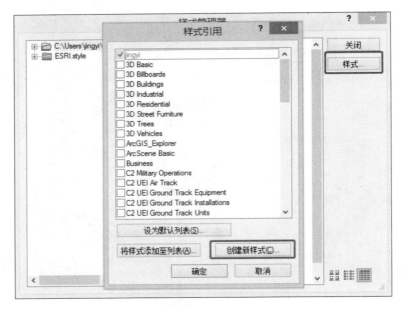

图7-2-2 样式管理器→创建新样式

(2)点击"样式"再选择"创建新样式"即可新增样式。

(3)自行查找所需图片。笔者所查询的网站是 https://www.flaticon.com,通过各活动区的性质,选择相应的图标,如图7-2-3所示:

图 7-2-3 第三方符号列表

（4）点击"标记符号"→右键"新增"→"标记符号"（图 7-2-4），在弹出的框中的"类型"选择"图片标记符号"然后选择相应图片即可。

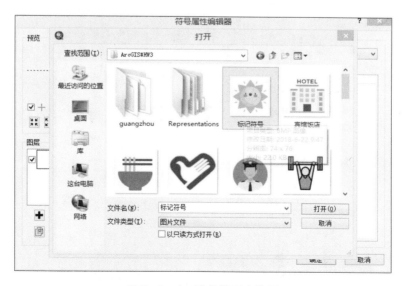

图 7-2-4 选择第三方符号

(5) 添加完所有图片后，可在样式管理区看到所有标识，如图 7－2－5 所示：

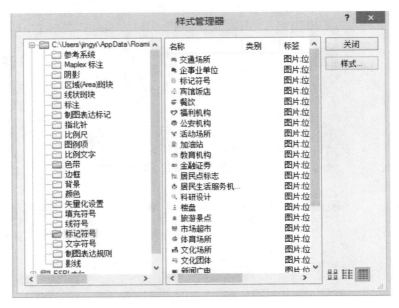

图 7－2－5 添加进样式管理器的符号

(6) 然后，可在图层列表中对原图标进行更换（图 7－2－6）。单击图层原有符号，在弹出的"符号选择器"中选择刚刚所添加的符号，依次更改即可。

图 7－2－6 符号替换

(7) 更改完所有图层标志后，可得到以下效果图（图 7-2-7）：左图为打开了部分图层，右图为打开所有场所图层。

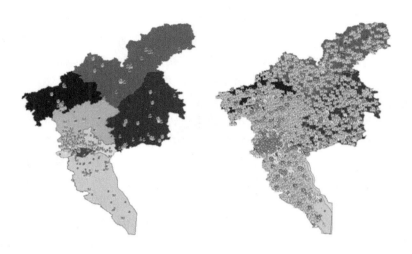

图 7-2-7　效果图

思考和实验：
在第一节实验的基础上，继续做符号定制实验。

第三节　高级地图制图

一、制图表达

使用制图表达可将符号信息与要素几何存储在要素类中，从而允许用户对要素的外观进行自定义。通过这一附加控制，用户可满足苛刻制图规范的要求或仅改进要素的显示效果。制图表达是一种要素类属性，存储在地理数据库的系统表以及要素类自身中。要素类可拥有多个与之关联的制图表达，这样在不同的地图产品中，同一数据能够以不同的方式显示。

在要素类上创建制图表达最简单的方法是转换符号化的图层。图层中包含的符号信息（应用于源要素）可转换成制图表达信息。创建制图表达后，图层的符号信息将转换为制图表达符号系统并与要素几何一同存储在地理数据库中。制图表达规则即创建而成并自动应用于要素。

此外，在 ArcCatalog 或 ArcMap 的目录窗口中，可直接在要素类上创建制图表达。在没有可用数据的情况下建立方案和制图规范时，这种方法十分有用。在这种情况下，虽然会创建规则，但不会应用于要素。可在通过 ArcMap 进行编辑时将规则分配给要素，也可使用计算制图表达规则地理处理工具将规则分配给要素，还可使用添加制图表达地理处理工具创建制图表达。

当要素类拥有制图表达时，可以在 ArcMap 中使用制图表达在图层里绘制要素类的要素。将要素类添加到地图时，默认将使用制图表达绘制该要素类。（如果要素类中存在多个制图表达，则会使用第一个）可通过调整制图表达中包含的制图表达规则的属性来修改各类要素的外观。

制图表达规则包含符号图层和几何效果，以定义制图表达中一组相关要素的绘制方式。可在样式内存储制图表达规则，以便在其他制图表达中共享和重复使用。

符号图层是制图表达规则的基本结构单元，它可以是以下 3 种类型中的任意一种：标记、线、填充。虽然一个制图表达规则必须至少具有一个符号图层，但也可使用多个符号图层来支持复杂绘制。几何效果是制图表达规则的可选组成部分。在绘制要素几何时，几何效果会进行动态修改以获得所需外观，但不会影响要素本身的相关形状。这意味着，在不影响现有空间关系的情况下可获得复杂的数据视图。可在制图表达规则中将几何效果仅应用于一个符号图层，也可以全局方式将其应用于所有符号图层。几何效果按顺序运行，因此一个几何效果的动态结果将成为下一个几何效果的输入（图 7 - 3 - 1）。

图 7 - 3 - 1　制图表达设置

下面以广州导航图制作为例，展示如何使用制图表达。

创建制图表达：通过内容列表窗口中某图层的快捷菜单，对 ArcMap 中的符号化图层进行转换，这样便可针对要素类创建制图表达。通过转换某图层创建制图表达时，系统会将自动创建的制图表达规则分配给要素。

（1）图层渲染：为了使地图图层在表达上更为美观，可以对图层设置制图表达，以"省市县区界"为例子，添加地图的渐变效果。步骤为：

➢ 右键图层名称，选择"将符号系统转换为制图表达"，对制图表达图层的图层属性进行更改。

➢ 右键图层→"属性"→"符号系统"→"选定某个值"→点击小三角形→"渐变"。

➢ 分别设置颜色1和颜色2。

➢ 图层效果如图7-3-2所示：

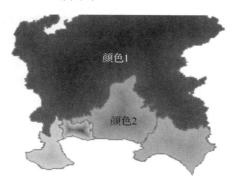

图7-3-2 制图表达结果

（2）建筑物渲染：给地图建筑物添加一个大小相同的但偏移的黑色图层，达到阴影的效果。

➢ 右键图层"建筑物"→选择将符号系统转换为制图表达→右键点击"属性"→"制图表达"→点击"+"号→添加效果为"移动"（图7-3-3）：

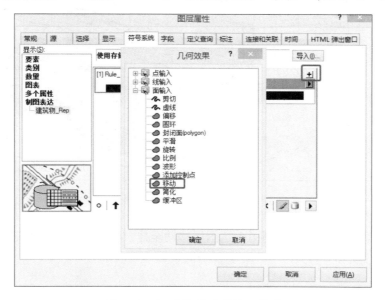

图7-3-3 制图表达特效-移动

➢ 设置 X 偏移为 2 pt，Y 偏移为 –3 pt（图 7 – 3 – 4）。

图 7 – 3 – 4　移动特效设置界面

➢ 效果如下（图 7 – 3 – 5）：

图 7 – 3 – 5　移动特效设置结果

需要注意的是，需要将制图表达图层移动至建筑物图层下方，否则深色图层会在浅色图层上方。

二、MapLex 标注引擎

一般来说，标注是将描述性文本放置在地图中的要素上或要素旁的过程。在 ArcGIS 中，标注特指自动生成和放置地图要素描述文本的过程。标注是动态放置于地图上并且字符串内容是从一个或多个要素获得的文本信息。

对于许多要素，标注在将描述性文本添加到地图的过程中非常有用。标注是一种向地图添加文本的快速方法，并且它可帮您免除为每个要素手动添加文本的麻烦。另外，ArcMap 的标注过程将动态生成和放置文本。在数据可能发生更改或将以不同的比例创建地图的情况下，标注这一方法会非常有用。

ArcMap 有两种标注引擎："标准标注引擎"是默认标注引擎，"Maplex 标注引擎"提供了放置标注的更多功能。

Maplex 标注引擎提供了一系列特殊的工具，用来帮助您提高地图上的标注质量。利用 Maplex 标注引擎，可以定义一些参数来控制标注的位置和大小；Maplex 标注引擎随后使用这些参数来计算地图上所有标注的最佳放置位置。您还可以为要素指定不同级别的重要性，以确保较重要的要素在重要性较低的要素之前进行标注。

使用 Maplex 标注引擎，您可以对以下多个方面进行控制：标注如何相对于要素进行放置，当可用空间受限时如何修改或减小标注以便放置更多的标注，以及如何解决标注之间的冲突。

（1）在菜单栏的"自定义"中选择"工具栏"，然后勾选"标注"，弹出此框。

（2）在此窗口中，点击"标注"，再勾选"使用 MapLex 标注引擎"。

（3）当"使用 Maplex 标注引擎"为灰色、无法点击时，点击菜单栏的自定义→扩展模块，在弹出的此框中勾选"MapLex"，再关闭窗口，点击"使用 MapLex 标注引擎"即可使用。

（4）点击标注工具栏中的第二个"标注管理器"。

（5）在弹出的标准管理器操作框中，在左侧的面板选择相应的图层，在右侧的文本字符串中选择"MC"，另外可更改字体形状和大小。注意：全选所有图层（除去建筑物 Rep 和省市县区界 Rep），并要给每一个图层都修改文本字符串为"MC"（图 7 - 3 - 6）。

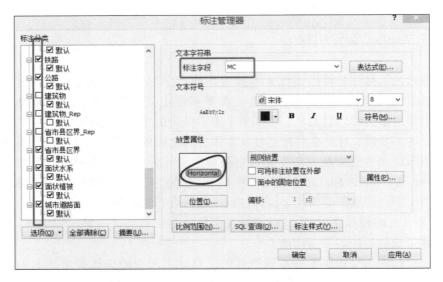

图7-3-6 标注管理器

(6) 假若未将所有图层文本字符串修改好,效果如图7-3-7所示:

图7-3-7 错误的标注

(7) 修改完成后,将地图放大至南校体育馆附近,可得到以下效果图(图7-3-8):

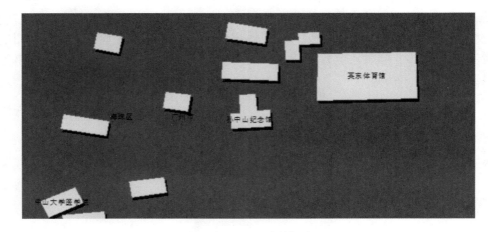

图7-3-8 正确的标注

三、特殊字体效果

1. 晕圈效果

添加完标注后，还可以对标注进行晕圈处理，这样会让字体更为自然和显眼。在图层中右键单击某个图层，选择"符号"，在弹出的下框中选择"编辑符号"→"掩膜"，最后对"晕圈"打钩即可（图7-3-9）。

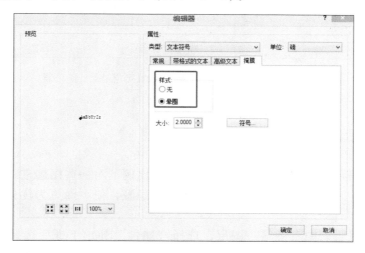

图7-3-9　字体晕圈效果设置

2. CJK字符方向

打开图层的"符号选择器"，勾选"CJK符号方向"选择"确定"（图7-3-10）。

图7-3-10　字体CJK方向设置

即可得到以下效果图（图7-3-11）：

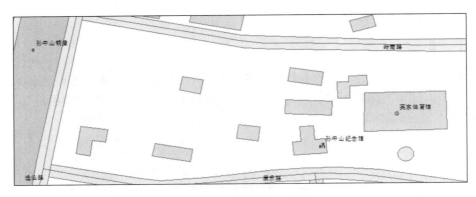

图7-3-11　字体设置结果

四、显示比例调整

由于在实际使用中，地图需要在某个缩放比例下对一些图层进行隐藏。比如说，在高度缩小的情况下，对街道、楼房进行隐藏，使页面更为优化。具体步骤如下：

（1）在图层列中右键某一图层，选择"属性"弹出下框后选择"标注"→"比例范围"→"缩小超过下列限制时不显示标注"，然后输入想要的比例（图7-3-12）。

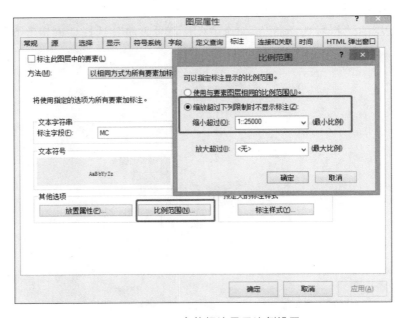

图7-3-12　字体标注显示比例设置

（2）除了对标注进行缩小隐藏，还可以对图层进行隐藏，选择"常规"即可（图7-3-13）。

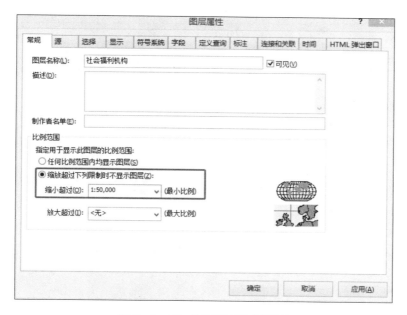

图7-3-13　图层显示比例设置

（3）经过试验，发现以下比例最为美观（表7-1-1）：

表7-1-1　广州导航图最佳显示比例

图层类型	最小比例	最大比例
城市道路中心线	1∶5000	无
建筑物	1∶25000	无
点（楼房）	1∶50000	无
城市道路面	1∶50000	无
植被、水系	1∶125000	无
公路、铁路	1∶400000	无
省市区界	无	1∶600000
城市道路中心线	1∶5000	无
建筑物	1∶25000	无
点（楼房）	1∶50000	无
城市道路面	1∶50000	无

续上表

图层类型	最小比例	最大比例
植被、水系	1∶125000	无
公路、铁路	1∶400000	无
省市区界	无	1∶600000

思考和实验：

在上一节符号定制实验基础上，做高级制图实验。

第四节 热力图制作

热力图是通过颜色分布，描述诸如人群分布、密度和变化趋势等的一种地图表现手法，因此，能够非常直观地呈现一些原本不易理解或表达的数据，比如密度、频度、温度等。

SuperMap 热力图只针对点数据制作热力图，并生成热力图层。热力图图层可以将点要素绘制为相对密度的代表表面，并以色带加以渲染，以此表现点的相对密度等信息。一般情况下，从冷色（低点密度）到暖色（高点密度）来显示热力图图层中的点密度状态。热力图的成图原理，需要开启地图中 Alpha 通道。

热力图图层除了可以反映点要素的相对密度，还可以表示根据属性进行加权的点密度，以此考虑点本身的权重对于密度的贡献。

热力图图层将随地图放大或缩小而发生更改，是一种动态栅格表面。例如，绘制全国旅游景点的访问客流量的热力图，当放大地图后，该热力图就可以反映某省内或者局部地区的旅游景点访问客流量分布情况。

制作热力图的操作步骤如下：

（1）在图层管理器中选中要制作热力图的点数据图层，然后单击"专题图"选项卡，选择"聚合图"中的"热力图"，制作一幅热力图。

（2）创建完成的热力图将自动添加到当前地图窗口中作为一个专题图层显示，同时在图层管理器中也会相应地增加一个专题图层。

（3）在图层管理器中选中热力图图层，右键单击"修改专题图"命令，在弹出的"图层属性"窗口中显示了当前热力图的设置信息。

（4）可在"图层属性"窗口中对热力图层的显示控制、重新指定数据集等基本功能进行修改设置。

显示控制设置功能，是分别对图层可见性、图层名称、图层标题、透明度及最大、最小可见比例尺进行设置。分别点击"数据源"和"数据集"右侧的下拉箭

头,选择要引用的数据集以及该数据集所在的数据源。热力图图层属性窗口如下(图7-4-1):

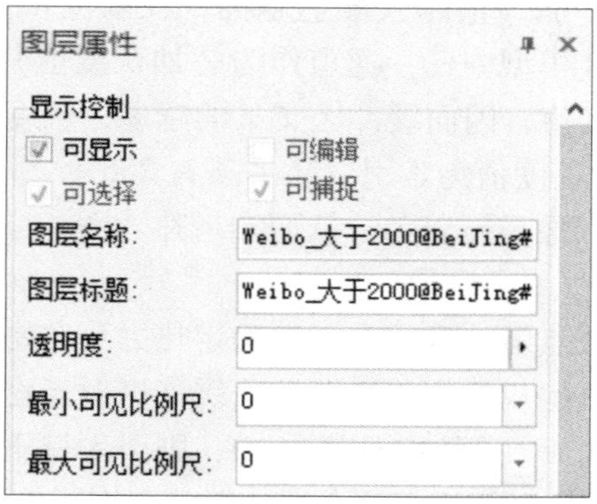

图7-4-1 热力图图层属性设置

还可对热力图层的核半径、颜色方案、颜色渐变模糊度,最大颜色权重以及最值的设置等,以上参数的设置将决定热力图的显示效果。"热力图"参数设置区域详细介绍如下(图7-4-2):

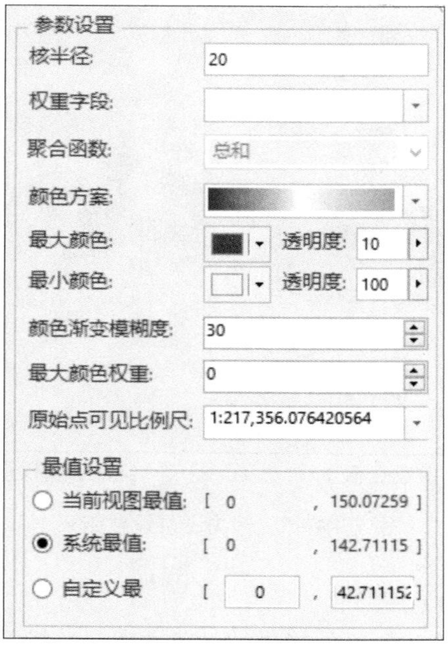

图7-4-2 热力图层参数设置

◆ 设置核半径:核半径是为离散点设定影响半径。核半径在热力图中所起的作用如下所述:①热力图将根据设置的核半径值对每个离散点建立一个缓冲区。

核半径数值的单位为：屏幕坐标。②对每个离散点建立缓冲区后，对每个离散点的缓冲区使用渐进的灰度带（完整的灰度带是 0～255）从内而外，由浅至深地填充。③由于灰度值可以叠加（值越大颜色越亮，在灰度带中则显得越白。在实际操作中，可以选择 ARGB 模型中任一通道作为叠加灰度值），从而对于有缓冲区交叉的区域，可以叠加灰度值，因而缓冲区交叉的越多，灰度值越大，这块区域也就越"热"。④以叠加后的灰度值为索引，从一条有 256 种颜色的色带中（例如，彩虹色）映射颜色，并对图像重新着色，从而实现热力图。

◆ 设置点的权重：

上文所述，根据离散点缓冲区的叠加来确定热力分布密度，而权重则是确定了点对于密度的影响力，点的权重值确定了该点缓冲区对于密度的影响力，即如果点缓冲区原来的影响系数为 1，点的权重值为 10，则引入权重后，该点缓冲区的影响系数为 1*10 = 10，以此类推其他离散点缓冲区的密度影响系数（图 7 - 4 - 3）。

那么，引入权重后，将获得一个新的叠加后的灰度值为索引，在利用指定的色带为其着色，从而实现引入权重的热力图。

这里，通过指定一个字段作为权重，并且作为权重的字段必须为数值型字段。

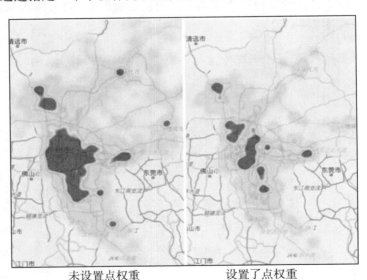

未设置点权重　　　　　　　设置了点权重

图 7 - 4 - 3　热力图层设置结果

◆ 设置颜色方案：

组合框下拉列表中列出了系统提供的颜色方案，选择需要的配色方案，则系统会根据选择的颜色方案自动分配每个渲染字段值所对应的专题风格。

分别设置最大颜色值和最小颜色值（图 7 - 4 - 4）。通过最大值颜色和最小值颜色构建一个色带，最大值颜色用来渲染热力图中灰度值最大的部分，也就是最热区域，最小值颜色用来渲染热力图中灰度值最小的部分，也就是最冷区域，以此类推来渲染热力图。

　　调整颜色的透明度，点击最大、最小颜色框的右侧按钮弹出设置颜色透明度的滑块，用滑块调节透明度。也可直接输入 0—100 的数字，默认透明度为 0，表示完全不透明；最大值为 100，表示完全透明。制作出半透明效果的热力图，便于与底图数据叠加显示。

　　◆　颜色渐变模糊度：主要调整热力图中颜色渐变的模糊程度，以此调整色带的渲染效果。

　　◆　最大颜色权重设置：确定渐变色带中最大值颜色所占的比重，该值越大，表示在色带中最大值颜色所占比重越大。

　　◆　原始点可见比例尺：设置生成热力图点数据集图层的可见比例尺范围。单击组合框下拉按钮，程序提供 10 种比例尺类型，分别是 1∶5000、1∶10000、1∶25000、1∶50000、1∶100000、1∶250000、1∶500000、1∶1000000、当前比例尺、系统默认比例尺，用户也可自定义输入比例尺。方便用户根据配图需求，设置原始点的可见比例尺范围。

　　◆　系统比例尺：即程序会按照当前热度图计算一个比例尺作为原始点可见比例尺。小于系统比例尺原始点不可见，大于系统比例尺原始点可见。

　　◆　当前比例尺：即设置当前地图窗口的比例尺作为点数据集图层的可见比例尺范围。小于当前比例尺原始点不可见，大于当前比例尺原始点可见。

　　◆　最值设置：设置热力图显示时的最大值和最小值，其中最大值对应最大值颜色，最小值对应最小值颜色，根据两者的关系构建渲染色带，而其他大于最大值的部分将以最大值颜色渲染，小于最小值的部分将以最小值颜色渲染。

　　◆　当前视图最值：将当前视图窗口内的最大值和最小值作为热力图最大值颜色和最小值颜色，从而程序会按照当前视图的最大值颜色和最小值颜色构建色带，对热力图进行色彩渲染。（当前视图最大值和最小值将根据视窗的放大、缩小而发生变化）

　　◆　系统最值：默认状态下，系统会基于当前地图比例尺计算热力图的一个默认最大值和最小值（系统最大值和最小值将根据地图比例尺的变化而发生变化）。

　　◆　自定义最值：通过自定义最大值和最小值的方式调整热力图的最大值颜色和最小值颜色的分布。按照最大值对应用户设置的最大值颜色，最小值对应最小值颜色的关系构建渲染色带，对热力图进行色彩渲染。

　　热力图层最佳设置如图 7-4-4 所示。

　　通过以上参数设置一幅基于点数据集的热力图制作完成。如图 7-4-5 所示，基于某地图采样点的数据访问流量数据，通过热力图能够反映流量访问强度的态势图。

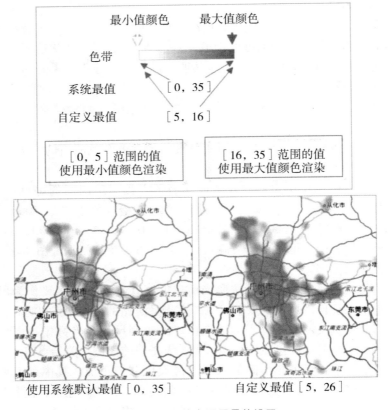

图 7-4-4 热力图层最值设置

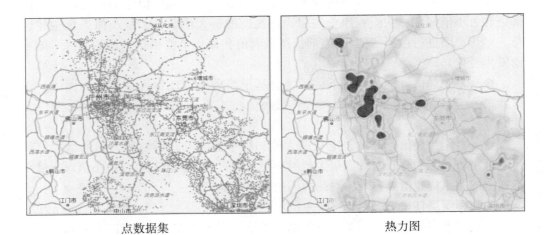

图 7-4-5 流量热力图

思考和实验：
热力图的原理是什么，用什么算法实现的？

第五节 高精度地图

一、高精地图生产

美国加州大学河滨分校 Sutarwala、Behlul Zoeb 的研究使用配备 RTK – GPS 的采集车沿着所需线路车道驾驶采集数据,这种方法存在的问题是只能获取车道中心线信息,其精度也容易受到驾驶员的驾驶路线的影响,而且每条车道都需要行驶一遍,对于复杂的交通路况不实用。

Markus Schreier 在研究中提出使用激光雷达和广角摄像头结合的方法提取道路信息,加上配备的高精度 GNSS 能够达到 10 cm 精度。此方法中需要使用 64 线激光雷达,传感器成本比较高,而且依靠激光雷达反射率生成的俯视图在清晰度方面很难保证,很难在上面使用图像处理方法对线进行提取,人工标注也比较困难(图 7 – 5 – 1)。

Chunzhao Guo 在他的研究中提出使用低成本传感器创建车道级地图的方法,提出使用 GPS/INS 紧耦合结合光流法进行定位,在卫星数量较少的城市环境也能够实现可靠定位,从拼接的正射影像图中提取信息,但是绝对定位系统精度在很大程度还是依赖 GPS。

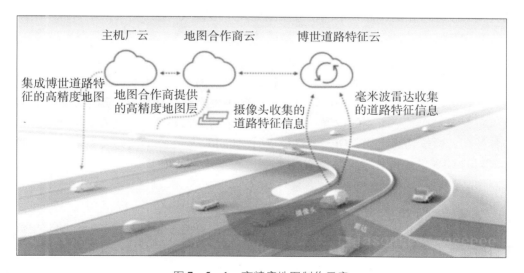

图 7 – 5 – 1　高精度地图制作示意

传统电子地图主要依靠卫星图片产生，然后由 GPS 定位，这种方法可以达到米级精度。而高精地图需要达到厘米级精度，仅靠卫星与 GPS 是不够的。因此，其生产涉及多种传感器，由于产生的数据量庞大，通常会使用数据采集车收集，然后通过线下处理把各种数据融合产生高精地图。目前，高精度地图正在形成一种"专业采集＋众包维护"的生产方式，即通过少量专业采集车实现初期数据采集，借助大量半社会化和社会化车辆及时发现并反馈道路变化，并通过云端实现数据计算与更新。大量的数据传输，对于网络条件也提出了很高要求。

高精地图的制作是个多传感器融合的过程，包括以下 4 种：

1. 陀螺仪（IMU）

一般使用 6 轴运动处理组件，包括 3 轴加速度和 3 轴陀螺仪。加速度传感器是力传感器，用来检查上、下、左、右、前、后哪几个面都受了多少力（包括重力），然后计算每个面上的加速度。陀螺仪就是角速度检测仪，检测每个方向上的加速度。假设无人车以 z 轴为轴心，在一秒钟转到了 $90°$，那么它在 z 轴上的角速度就是 $90°/s$。从加速度推算出运动距离需要经过两次积分，因此，但凡加速度测量上有任何不正确，在两次积分后，位置错误会积累然后导致位置预测错误。因此，单靠陀螺仪并不能精准地预测无人车位置。

2. 轮测距器（wheel odometer）

我们可以通过轮测距器推算出无人车的位置。汽车的前轮通常安装了轮测距器，分别会记录左轮与右轮的总转数。通过分析每个时间段里左右轮的转数，我们可以推算出车辆向前走了多远，向左右转了多少度等。由于在不同地面材质（比如，冰面与水泥地）上转数对距离转换的偏差，随着时间推进，测量偏差会越来越大，所以单靠轮测距器并不能精准预测无人车位置。

3. GPS

任务是确定四颗或更多卫星的位置，并计算出它与每颗卫星之间的距离，然后用这些信息使用三维空间的三边测量法推算出自己的位置。要使用距离信息进行定位，接收机还必须知道卫星的确切位置。GPS 接收机储存有星历，其作用是告诉接收机每颗卫星在各个时刻的位置。在无人车复杂的动态环境，尤其在大城市中，由于各种高大建筑物的阻挡，GPS 多路径反射（multi-path）的问题会更加明显。这样得到的 GPS 定位信息很容易就有几十厘米甚至几米的误差，所以单靠 GPS 不可以制作高精地图。

4. 激光雷达（LiDAR）

光学雷达通过首先向目标物体发射一束激光，根据接收-反射的时间间隔来确定目标物体的实际距离。然后，根据距离及激光发射的角度，通过简单的几何变化可以推导出物体的位置信息。LiDAR 系统一般分为三个部分：一是激光发射器，发出波长为 600～1000 nm 的激光射线；二是扫描与光学部件，主要用于收集反射点距离与该点发生的时间和水平角度（azimuth）；三是感光部件，主要检测返回光的强度。因此，我们检测到的每一个点都包括空间坐标信息以及光强度信息。光强度与物体的光反射度（reflectivity）直接相关，所以从检测到的光强度也可以对检测到的物体有初步判断。

二、高精地图的机遇与挑战

随着自动驾驶的发展，更多的汽车厂、风投越来越认识到高精地图的重要性。BBA 投资了 Here 地图，福特、上汽投资了 Civil Maps、软银投资 Mapbox 等一系列投资，无非就是汽车行业和 IT 巨头们非常看重这些创新企业或者图商未来在未来的发展潜力。

同时，BAT 通过收购、控股或入股的方式将几大数据商全部瓜分，在国内要抢占高精度地图或导航电子地图资质的门槛，这些都给高精地图带来非常好的发展机遇。

在这么好的机遇下，高精地图的发展还面临如下挑战：地图如何更新？生产成本如何控制？政策导向如何？

高精地图标准最核心的问题可能是政策问题。

在《基础地理信息公开表示内容的规定》中就规定，快速路、高架路、引道、街道和内部道路的铺设材料、最大纵坡、最小曲率半径不可公开。同时，也不能记录涉密的地理信息数据（坐标、高程等）。所以，在自动驾驶中，关于坡度和高程问题无法使用的问题，对地图造成非常大的影响。但更重要的是加密带来的误差。

在测绘领域的加密造成的精度误差，实际上并不是大家所理解的那样：加密之后，地图全部偏转和扭曲。它实际上是两个步骤，一个是地图偏转，另外一个是定位偏转。定位偏转和地图偏转如果是一样的，那就没有任何问题。但现在它的问题是两者不同，它会有随机误差。目前，通过加密调参数可以做到定位加密和地图加密，偏差不超过 20 cm。

如何减小加密对自动驾驶产生的影响（是减小影响，影响依然存在）。20 cm 只是一个坐标偏离的问题，但实际上还有很多精度没有确定，比如相位的变化，有可能通过正负 10 cm 的偏差之后，导致相位发生反转，这是非常严重的问题。

高精度电子地图的信息量与质量直接决定了无人驾驶系统的安全性、可靠性以及效率。与传统电子地图不同，高精地图更精准（厘米级），更新更快，并且包含了更多信息（语义信息）。由于这些特性，制作高精地图并不容易，需要使用多种传感器互相纠正。在初始图制作完成后，还需要进行过滤以降低数据量，达到更好的实时性。在拥有了这些高精度地图信息后，无人驾驶系统就可以通过比对车载 GPS、IMU、LiDAR 或摄像头数据来确认当前的精确位置，并进行实时导航。

思考和实验：

高精度地图的数据结构是什么，如何采集高精度地图数据？

第八章 组件式 GIS

第一节 组件式 GIS 原理

一、组件对象模型

组件对象模型（component object model，COM）是微软 1993 年提出的元件式软件开发平台。它不仅定义了组件程序进行交互的标准，而且提供组件程序运行所需环境的 API，并提供类似客户对组件的查询、注册以及反注册等一系列服务。在 COM 结构中，对象的使用者通常称为客户。一般来说，COM 库由操作系统来实现，客户不必关心其实现的细节，如我们经常看到的 ActiveX、DirectX、OLEDB 都是基于 COM 技术的，主要应用于 Microsoft Windows 操作系统平台上。通常，COM 是以 Win32/64 的动态链接库（DLL）或可执行文件（EXE）的形式发布。

COM 定义了适用于许多操作系统和硬件平台的二进制标准。对于网络计算，COM 定义了一种标准的有线格式和协议，用于在不同硬件平台上运行的对象之间的交互。COM 独立于实现语言，这意味着我们可以使用不同的编程语言（如 C++ 和 .NET Framework 中的编程语言）来创建 COM 库。

COM 规范提供了支持跨平台软件重用的所有基本概念：①组件之间函数调用的二进制标准。②强制类型的函数分组到接口的规定。③提供多态性、功能发现和对象生存期跟踪的基本接口。④一种唯一标识组件及其接口的机制。⑤从部署创建组件实例的组件加载器。

COM 有许多部分协同工作，可以创建由可重用组件构建的应用程序：①一个主机系统提供一个符合 COM 规范的运行时环境。②定义功能契约的接口和实现接口的组件。③为系统提供组件的服务器，以及使用组件提供的功能的客户端。④一个注册表，用于跟踪在本地和远程主机上部署组件的位置。⑤一个服务控制管理器是定位在本地和远程主机上的组件和连接服务器到客户端。⑥一个结构化存储协议，定义如何浏览主机的文件系统中的文件的内容。

跨主机和平台启用代码重用是 COM 的核心。可重用的接口实现被称为组件、组件对象或 COM 对象。组件实现一个或多个 COM 接口。在 COM 中接口就是一切。对于客户来说，一个组件就是一个接口集。COM 接口是一个包含一个函数指针数组的内存结构。组件本身只不过是接口的实现细节。接口的优点是，保护系统免受外界变化的影响，客户可以用同样的方式处理不同的组件。接口具有二进制标准，因此一个接口必须具有一定的结构，是关于如何建立组件以及如何建立应用程序的一个规范，说明如何动态更新组件。

对象是 COM 的基本要素之一，与 C++ 中的对象不同的是，其封装特性是真正意思上的封装，对于对象使用者而言是不可见的。此外，COM 对象的可重用性表现在 COM 对象的包容和聚合，一个对象可以完全使用另外一个对象的所有功能，而 C++ 对象的可重用性表现在 C++ 类的继承性。

二、组件式 GIS

传统 GIS 虽然在功能上已经比较成熟，但是由于这些系统多是基于十多年前的软件技术开发的，属于独立封闭的系统。同时，GIS 软件变得日益庞大，用户难以完全掌握，且费用昂贵，GIS 的普及和应用受到阻碍。组件式 GIS 的出现为传统 GIS 面临的多种问题提供了全新的解决思路。与传统 GIS 的最大不同之处在于，由过去厂家提供了全部系统或者具有二次开发功能的软件，过渡到提供组件由用户自己再开发的方向上来。

组件式 GIS（ComGIS）全称为组件式地理信息系统。其基本思想是把 GIS 按功能划分为几个控件，每个控件完成不同的功能，用户通过控件提供的接口，编制代码实现相应的功能。在可视化开发环境下将 GIS 控件与其他非 GIS 控件集成在一起，形成最终的 GIS 应用系统。控件如同一堆各式各样的积木，他们分别实现不同的功能（包括 GIS 和非 GIS 功能），根据需要把实现各种功能的"积木"搭建起来，就构成应用系统。

1. 组件式 GIS 的特点

（1）小巧灵活、价格便宜。由于传统 GIS 结构的封闭性，往往使得软件本身变得越来越庞大，不同系统的交互性差，系统的开发难度大。在组件模型下，各组件都集中地实现与自己最紧密相关的系统功能，用户可以根据实际需要选择所需控件，最大限度地降低用户的经济负担。组件化的 GIS 平台集中提供空间数据管理能力，并且能以灵活的方式与数据库系统连接。在保证功能的前提下，系统表现得小巧灵活，而其价格仅是传统 GIS 开发工具的十分之一，甚至更少。这样，用户便能以较好的性能价格比获得或开发 GIS 应用系统。

（2）无须专门 GIS 开发语言。传统 GIS 往往具有独立的二次开发语言，对用户和应用开发者而言存在学习上的负担。而且使用系统所提供的二次开发语言，开发往往受到限制，难以处理复杂问题。而组件式 GIS 建立在严格的标准之上，不需要额外的 GIS 二次开发语言，只需实现 GIS 的基本功能函数，按照 Microsoft 的 ActiveX 控件标准开发接口。这有利于减轻 GIS 软件开发者的负担，而且增强了 GIS 软件的可扩展性。GIS 应用开发者，不必掌握额外的 GIS 开发语言，只需熟悉基于 Windows 平台的通用集成开发环境，以及 GIS 各个控件的属性、方法和事件，就可以完成应用系统的开发和集成。可供选择的开发环境很多，如 Visual C++、Visual Basic、Visual FoxPro、Borland C++、Delphi、C++ Builder 以及 Power Builder 等都可直接成为 GIS 或 GMIS 的优秀开发工具，它们各自的优点都能够得到充分发挥。这与传统 GIS 专门性开发环境相比，是一种质的飞跃。

（3）强大的 GIS 功能。新的 GIS 组件都是基于 32 位系统平台的，采用 InProc 直接调用形式，所以无论是管理大数据的能力还是处理速度方面均不比传统 GIS 软件逊色。小小的 GIS 组件完全能提供拼接、裁剪、叠合、缓冲区等空间处理能力和丰富的空间查询与分析能力。

（4）开发简捷。由于 GIS 组件可以直接嵌入 MIS 开发工具中，对于广大开发人员来讲，就可以自由选用他们熟悉的开发工具。而且 GIS 组件提供的 API 形式非常接近 MIS 工具的模式，开发人员可以像管理数据库表一样熟练地管理地图等空间数据，无需对开发人员进行特殊的培训。在 GIS 或 GMIS 的开发过程中，开发人员的素质与熟练程度是十分重要的因素。这将使大量的 MIS 开发人员能够较快地过渡到 GIS 或 GMIS 的开发工作中，从而大大加速 GIS 的发展。

（5）更加大众化。组件式技术已经成为业界标准，用户可以像使用其他 ActiveX 控件一样使用 GIS 控件，使非专业的普通用户也能够开发和集成 GIS 应用系统，推动了 GIS 大众化进程。组件式 GIS 的出现使 GIS 不仅是专家们的专业分析工具，同时也成为普通用户对地理相关数据进行管理的可视化工具。

2. 组件式 GIS 开发平台的结构

组件式 GIS 开发平台通常可设计为三级结构：基础组件、高级通用组件和行业性组件。

（1）基础组件。面向空间数据管理，提供基本的交互过程，并能以灵活的方式与数据库系统连接。

（2）高级通用组件。由基础组件构造而成，面向通用功能，简化用户开发过程，如显示工具组件、选择工具组件、编辑工具组件、属性浏览器组件等等。它们之间的协同控制消息都被封装起来。这级组件经过封装后，使二次开发更为简单。

（3）行业性组件。抽象出行业应用的特定算法，固化到组件中，进一步加速开发过程。以 GPS 监控为例。对于 GPS 应用，除了需要地图显示、信息查询等一般 GIS 功能外，还需要特定的应用功能，如动态目标显示、目标锁定、轨迹显示等。这些 GPS 行业性应用功能组件被封装起来后，开发者的工作就可简化为设置显示目标的图例、轨迹显示的颜色、锁定的目标，以及调用、接受数据的方法等。

3. 组件式 GIS 的开发与应用

组件式 GIS 基于标准的组件式平台，各个组件式平台主要有 Microsoft 的 COM

（component object model，组件对象模型）/DCOM（distributed component object model，分布式组件对象模型）和 OMG 的 CORBA（common object request broker architecture，公共对象请求代理体系结构），目前 Microsoft COM/DCOM 占市场领导地位。基于 COM/DCOM，Microsoft 推出了 ActiveX 技术，ActiveX 控件是当今可视化程序设计中应用最为广泛的标准组件。新一代的组件式 GIS 也大都是 ActiveX 控件或者其前身 OLE 控件。

COM 技术曾经带来 GIS 技术变革。目前，组件技术在推陈出新，先是 Java 组件技术，而后是微软的.NET 组件技术。这些都比 COM 更加完善，微软公司也计划逐步用.NET 组件技术淘汰 COM，并最终将形成.NET 组件技术与 Java 组件技术并行发展的局面。随着时间的推移，基于.NET 和 Java 技术的组件式 GIS 将得到快速发展和应用，并将逐步取代基于 COM 的组件式 GIS。在.NET 和 Java 组件式 GIS 方面，美国环境研究所已经基于其 COM 的组件式 GIS 平台——ArcObjects，封装了.NET 开发接口和 Java 开发接口，形成了支持多种开发语言的 ArcEngine。北京超图公司 2005 年年底推出了 SuperMap Objects.NET，这可以算真正基于.NET 技术的大型全组件式 GIS；2006 年，该公司还推出了基于 Java 的大型全组件式 GIS——SuperMap Objects Java。其他国际和国内 GIS 厂商如 Intergraph、MapInfo 和武汉中地等公司也纷纷跟进，开发基于.NET 和 Java 的组件式 GIS。

三、ArcGIS Engine

1. ArcGIS Engine 的简介

ArcObjects 是所有 ArcGIS 平台的 API，整个 ArcGIS 都是基于其上构建的。ArcGIS Engine 是将 ArcObjects 部分功能封装，提供给用户的一个单独的二次开发包。ArcGIS Engine 是一个产品，而 ArcObjects 不是一个产品，它是基础，ArcGIS Engine 是 ArcObjects 的简化版本，并且可以打包发布，ArcObjects 是不能脱离 ArcMap 平台（图 8-1-1）。

而 ArcGIS Engine 是美国环境研究所在 ArcGIS 9 版本才开始推出的新产品，它是一套完备的嵌入式 GIS 组件库和工具库，使用 ArcGIS Engine 开发的 GIS 应用程序可以脱离 ArcGIS Desktop 而运行。ArcGIS Engine 面向的用户并不是最终使用者，而是 GIS 项目程序开发员。对开发人员而言，ArcGIS Engine 不再是一个终端应用，不再包括 ArcGIS 桌面的用户界面，它只是一个用于开发新应用程序的二次开发功能组件包。

2. ArcGIS Engine 的构成

ArcGIS Engine 由两个产品组成：构建软件所用的开发工具包以及使已完成的应用程序能够运行的可再发布的 Runtime。ArcGIS Engine 开发工具包是基于组件的软件开发产品，可用于构建自定义 GIS 和制图教件，是针对开发人员的工具包，适

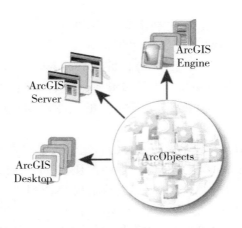

图 8-1-1 ArcObjects 与其他产品关系

于为 Windows、UNIX 或 Linux 用户构建基础制图和综合动态 GIS 应用软件。ArcGIS Engine Runtime 是一个使终端用户软件能够运行的核心 ArcGIS Objects 组件产品，并且被安装在每一台运行 ArcGIS Engine 应用程序的计算机上。ArcGIS Engine 由许多组件库构成，如 System 库、SystemUI 库、Geometry 库、Display 库、Server 库、Geodatabase 库等。

3. ArcGIS Engine 的二次开发

ArcGIS Engine 支持多种开发语言，包括 COM、.NET 框架、Java 和 C++ 等，能够运行在 Windows、Linux 和 Solaris 等平台上。这套 API 提供了一系列比较高级的可视化控件，大大方便了程序员构建基于 ArcGIS 的应用程序。使用 COM 方式编程，通常可以选用的开发工具有 Visual Studio 6.0（VB、VC++）、Delphi；采用.NET方式开发可以用的开发工具有 Visual Studio.NET（VB.NET、C#、VC++）；采用 C++ 方式进行开发，常用的开发工具有 Visual Studio 6.0、Borland C++、C++ 等；利用 Java 进行开发，常见的开发工具有 JBuilder、Eclipse、JDK 等。

利用 ArcGIS Engine 进行二次开发，可实现以下功能：显示多个图层组成的地图，能够打开或关闭某一图层；漫游和缩放地图；查找地图中的要素；用要素的某一字段显示标注；显示航片和遥感影像的栅格数据；绘制几何要素；沿线或者用多边形、圆等要素选择等等（图 8-1-2）。

四、SuperMap Objects

SuperMap iObjects Java/.NET/C++ 9D（2019）是面向大数据应用，基于二、三维一体化技术构建的高性能组件式 GIS 开发平台，提供快速构建大型 GIS 应用系统的能力。SuperMap iObjects Java/.NET/C++ 9D（2019）支持 Java、.NET32 位及 64 位开发平台，可运行在 Windows、Linux 操作系统上；基于二、三维一体化技

图 8-1-2　ArcEngine 二次开发结果实训

术,构建新一代的 GIS 应用系统;采用标准 C++ 及 OpenMP 技术,提供高性能并行计算特性;支持大数据应用,帮助用户便捷高效地进行空间大数据处理、分析与可视化显示。

其产品特点如下:

(1)面向大数据应用:

◆　支持 ES(Elastic search)数据,实现更高效的数据访问(图 8-1-3)。

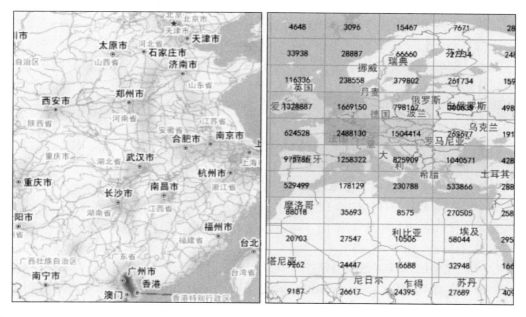

图 8-1-3　SuperMap 高效数据访问

◆ 支持热度图和网格聚合图的制作,满足大数据可视化显示应用(图8-1-4)。

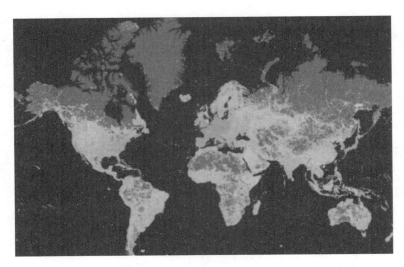

图 8-1-4　SuperMap 大数据可视化

◆ 提供 SuperMap iObjects for Spark 扩展模块,为传统 GIS 开发人员提供面向大数据的空间分析与处理能力。
◆ 提供镶嵌数据集模型,海量影像数据无需入库即可实现影像的高效管理与显示。
◆ 支持栅格函数应用,快速获得栅格数据的显示处理效果。
◆ 支持多版本缓存的创建与显示,为多时态应用提供支持。
(2) 新一代三维 GIS:
◆ 新增三维实体数据模型,定义了三维实体对象的布尔运算、空间关系、空间分析等技术。
◆ 融合倾斜摄影、BIM、激光点云等三维技术,降低了数据获取门槛和采集成本,提升了数据更新频率。
◆ 推出 Spatial 3D Model (S3M) 数据规范,推动了三维数据标准化和数据共享。
◆ 提供基于 WebGL 技术的"零"客户端三维。
◆ 支持 VR、3D 打印等 IT 新技术,带来更真实、更便捷的三维体验。
◆ 实现二维与三维一体化、地上与地下一体化、室内与室外一体化、宏观与微观一体化(图8-1-5)。
(3) 完备的 SDX+数据引擎:
◆ 支持 PostGIS、SQL Server Spatial、Elastic search 引擎,满足对其他 Spatial 存储格式的数据读写功能。

图 8-1-5 SperMap 二、三维器一体化

◆ 支持星瑞格，南大通用等国产数据库引擎。
◆ 支持矢量数据集集合，用类 MPP 架构思路，可以管理海量数据，例如，全球的矢量数据。
◆ 支持 Spark SQL 读取 Oracle、Postgresql 等引擎数据。
◆ 支持 Spark 直接读取 Oracle Spatial、PostGIS 等引擎数据。

（4）完善的数据处理：
◆ 支持多种矢量数据导入，如 OSM（Open Street Map）格式、Simple Json 格式等矢量数据等。
◆ 完善支持 MongoV1 缓存，从类库组件到 iServer，全产品联通。
◆ 支持从 HDFS 中直接导入 SimpleJson。

（5）全面的符号解决方案：
◆ 强大、易用的符号制作及管理控件，专注于高效、快捷的用户体验。
◆ 二、三维符号一体化的管理与显示。
◆ 符号选择器支持同时加载更多符号库，方便用户在更大范围内浏览和应用符号资源（图 8-1-6）。
◆ 率先支持点符号的渐变效果，以及半透明的栅格符号效果，增强地图的美观性。
◆ 提供功能强大的颜色库管理器，实现对颜色的分组分类管理和快速导入。

（6）坚实的地图显示与互操作基础：
◆ 支持海量数据显示，交换操作流畅，无停顿感。
◆ 美观的地图显示，专注于细节。如优化小字显示，保证其清晰可辨；十字路口优化，使其更加真实（图 8-1-7）。
◆ 支持颜色透明值（Alpha 通道）设置，可以制作"透视"图层，如卫星影

图 8-1-6　SperMap 符号选择器

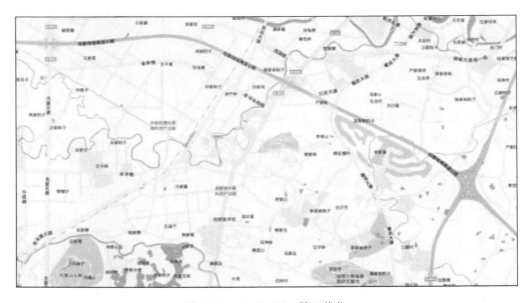

图 8-1-7　SperMap 路口优化

像图；可以支持半透明出图，出半透明缓存，加载半透明影像等并获得极佳的显示效果（图 8-1-8）。

◆ 支持多种避让和压盖设置，保证地图单位区域内对象均匀显示，平衡地图各区域内显示对象的疏密程度。

◆ 影像数据支持多种拉伸方式，给用户提供更多的显示效果选择。

◆ 灵活多样的地图输出功能，可根据需要输出多种格式或超大尺寸的地图。

◆ 支持多进程切图，可实现多机分发切图，更加稳定高效；还提供地图缓存检查和补切工具。

（7）实用的布局排版打印：

◆ 支持大数据量，大尺寸输出打印，满足国土，应急指挥应用需要。

◆ 与地图使用同一套几何对象模型，丰富了布局内容，提高布局版面的灵活性。

◆ 支持向布局中添加自定义元素，如向布局中添加图片、统计图表等。

图 8-1-8　SperMap 时间专题图实例

（8）专业、强大的地理空间分析：

◆ 提供高性能并行计算，显著降低分析时间，提升分析性能。

◆ 基于位置和属性的空间查询，准确高效地定位用户所需信息；多样化的缓冲区分析功能，满足用户的多样需求。

◆ 完备的栅格分析功能，包括坡度、坡向、填挖方、太阳辐射等表面分析；栅格数据重分级、重采样、栅格代数运算等数据处理功能；DEM 构建、空间插值等栅格数据建模功能。

◆ 全面的网络分析功能，包括交通网络分析和设施网络分析，可胜任公共交通、物流运输、管网等领域的应用。

◆ 动态分段功能，满足公路、铁路、河流、管线等具有线性特征的地物的动态模拟和分析。

◆ 水文分析功能，基于 DEM 建立矢量水系模型，进而帮助用户解决定位径流污染源、径流变化等实际问题（图 8 – 1 – 9）。

◆ 全新的公交分析，用于公交换乘分析、站点与线路查询。

◆ 逻辑拓扑结构图功能，应用智能化布局算法对原始地理网络进行重布局，清晰展现网络拓扑结构。

◆ 实用性的三维数据处理与三维设施网络分析功能，助力地下三维管线应用。

◆ 多种空间统计工具，包括模式分析、聚类分布、空间度量、空间关系建模等。

◆ 提供轨迹点道路匹配功能及轨迹点预处理方法，使用历史纪录校正匹配位置，并可结合道路限速区分主辅道。

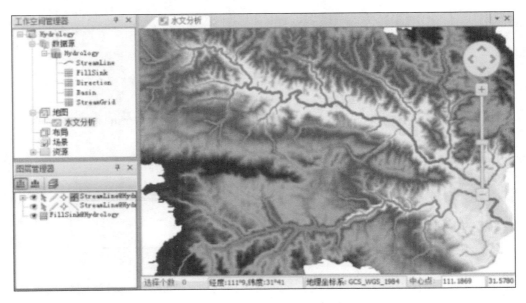

图 8 – 1 – 9　SperMap DEM 融合可视化

第二节　常见开发环境

一、Microsoft Visual Studio

Microsoft Visual Studio（简称 VS）是美国微软公司的开发工具包系列产品。VS 是一个基本完整的开发工具集，它包括整个软件生命周期中所需要的大部分工具，如 UML 工具、代码管控工具、集成开发环境（IDE）等。所写的目标代码适用于微软支持的所有平台，包括 Microsoft Windows、Windows Mobile、Windows CE、.NET Framework、.NET Compact Framework 和 Microsoft Silverlight 及 Windows Phone。

Visual Studio 是目前最流行的 Windows 平台应用程序的集成开发环境。最新版本为 Visual Studio 2017 版本，基于.NET Framework 4.6（图 8-2-1）。

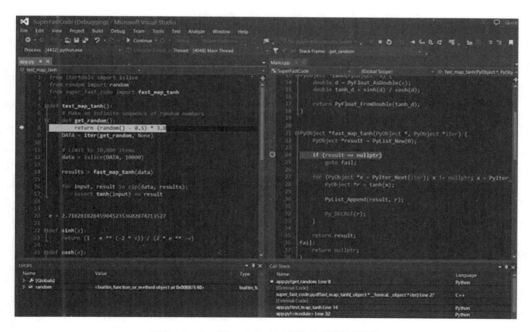

图 8-2-1　Visual Studio2017 编辑调试界面

1. Visual Studio 2017

Visual Studio 2017 是微软于 2017 年 3 月 8 日正式推出的新版本，是迄今为止最具生产力的 Visual Studio 版本，旨在"为任何开发、应用和平台提供无与伦比的效率"其内建工具整合了.NET Core、Azure 应用程序、微服务（microservices）、Docker 容器等所有内容。除此，Visual Studio 2017 还新增了许多功能。

（1）快速生成更智能的应用：

◆ 无论使用的语言是 C#/VB、C++还是 JavaScript 或 Python、Visual Studio，我们都可以在编写代码时获取实时指导，并在编辑器内直接快速执行代码操作（例如，重构、实现接口等）（图 8-2-2）。

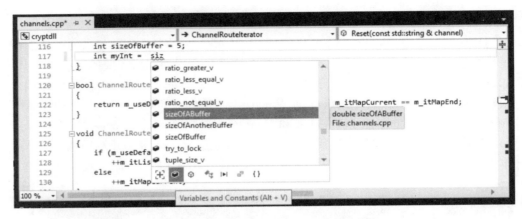

图 8-2-2　Visual Studio2017 智能代码编辑

◆ 为了解决在大型代码库中进行查找可能困难重重的问题，Visual Studio 提供"速览定义"功能，并改进了"定位"功能（能轻松筛选掉不需要的项，并选择仅查找一种类型的项），有助于更轻松地进行导航，快速定位代码上下文或起始标记（图 8-2-3）。

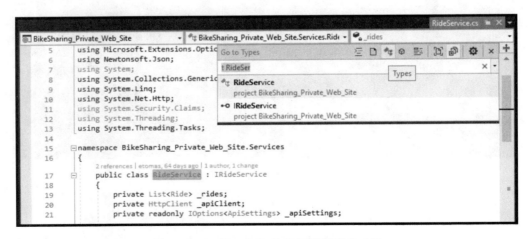

图 8-2-3　Visual Studio2017 速览定义功能

第八章　组件式 GIS　　153

➢ 同时，通过 CodeLens，无需离开当前代码，即可快速了解整体结构并导航至相关函数，以及从代码中的当前位置查看最后修改方法的人员，或者方法是否已通过测试（图 8-2-4）。

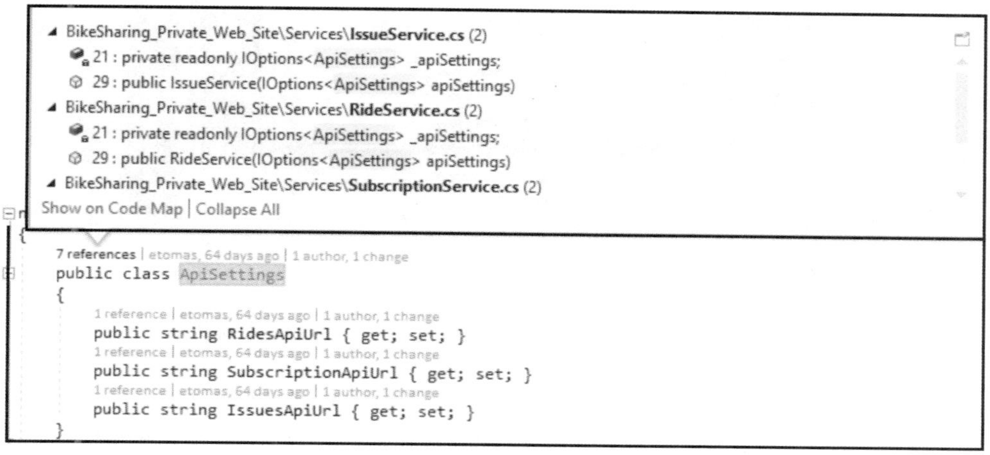

图 8-2-4　Visual Studio2017 CodeLens 功能

（2）更快速地找到并修复 bug：

◆ 无论使用哪种语言（从 C#/VB 和 C++ 到 JavaScript 和 Python 再到 XAML 和 HTML），Visual Studio 都可提供卓越的调试体验，因为所有受支持的语言都具有调试支持，甚至还支持混合模式调试（图 8-2-5）。

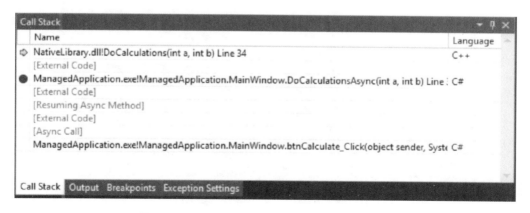

图 8-2-5　Visual Studio2017 快速修复 bug 功能

◆ 同时，无论在哪个平台或位置运行代码，Visual Studio 都可以对它进行调试。例如，从在桌面上或 Android 仿真器中启动本机 Windows 应用，到附加远程 Azure 实例、iOS 设备或游戏控制台，或到任意 Web 浏览器（图 8-2-6）。

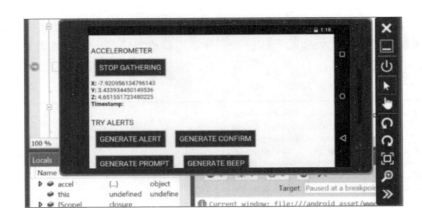

图 8-2-6　Visual Studio2017 平台代码调试

◆ 通过 Visual Studio 诊断工具和 IntelliTrace，可以查看代码执行历史记录并返回到检查状态（无需断点）（图 8-2-7）。

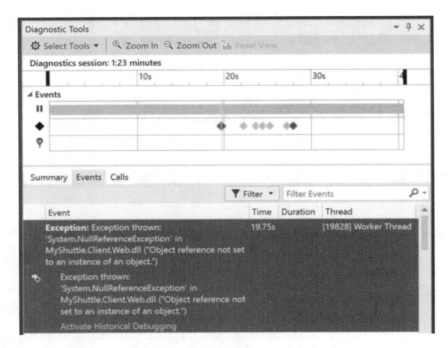

图 8-2-7　Visual Studio2017 代码诊断

◆ 此外，通过 Visual Studio，可以同时控制多个线程的执行并跨多个线程检查状态以掌控全局（图 8-2-8）。

（3）与云集成：

◆ 在 Azure 中，安全性和简洁性融为一体。通过利用 Azure 功能（如 Key

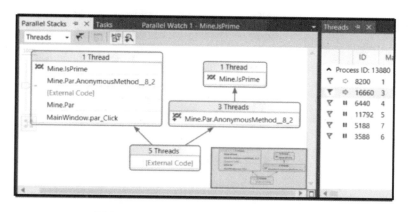

图 8-2-8　Visual Studio2017 多线程管理

Vault 和基于声明的标识服务）来构建安全的应用程序（图 8-2-9）。通过将客户的重要数据存储在相比任何其他供应商获得了更多认证的云中，以建立客户的信任度。

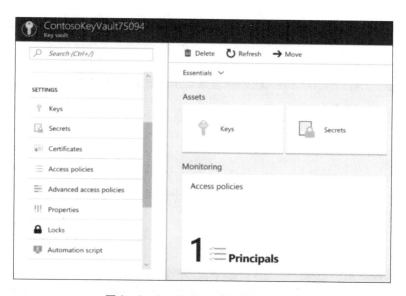

图 8-2-9　Visual Studio2017 云集成

◆ 调整现有.NET Framework 应用程序，以充分利用 Azure 的所有强大功能。或者，使用轻型.NET Core 来构建新的云就绪应用程序，以利用所有最新的技术，例如，微服务和无服务器功能（图 8-2-10）。

◆ Azure 开发工具已内置于 Visual Studio 中。使用同一个熟悉的调试程序来排除代码故障（不论是直接在工作站运行还是在容器中运行）。直接发布到 Azure，或设置 CI/CD 管道以构建你的代码并将其部署到云。在 Visual Studio IDE 中即可完成全部操作（图 8-2-11）。

图 8-2-10　Visual Studio2017 与 Azure 集成

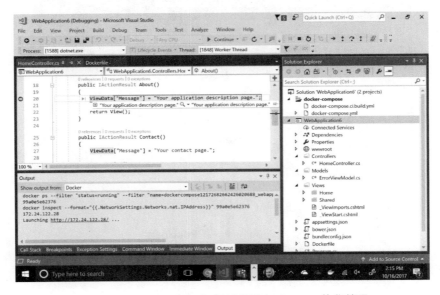

图 8-2-11　Visual Studio2017 IDE 与 Azure 一体化管理

（4）有效协作：

◆ 直接管理任意提供程序（包括 Azure DevOps、Team Foundation Server 或 GitHub）托管的团队项目。或者，使用新增的"打开任意文件夹"功能，无需使用正式项目或相关解决方案，即可快速打开并处理几乎所有代码文件（图 8-2-12）。

第八章　组件式 GIS

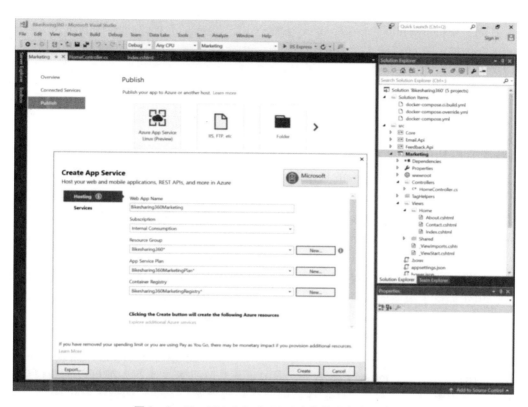

图 8-2-12　Visual Studio2017 直接管理任意程序

（5）交付优质移动应用：

◆ 使用.NET 跨 iOS、Android 和 Windows 创建丰富的本机应用。使用.NET Standard 跨设备平台共享代码。使用 Xamarin. Forms 和 XAML 共享 UI，最大限度地重复使用代码。通过 100% 的本机 API 公开，您对设备功能具有完全访问权限（图 8-2-13）。

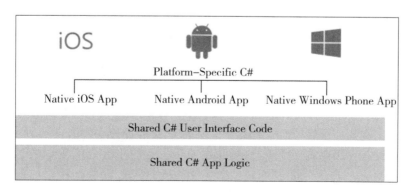

图 8-2-13　Visual Studio2017 跨平台管理代码

◆ Visual Studio App Center 自动管理 iOS、Android、Windows 和 macOS 应用的生命周期。连接存储库并在几分钟内在云中生成、测试数千台实际设备、向 beta 测试人员和应用存储进行分发、通过故障数据和分析数据监视实际使用情况。

二、Eclipse

1. Eclipse 的简介

Eclipse 是著名的跨平台的自由集成开发环境（IDE）。最初主要用来 Java 语言开发，通过安装不同的插件 Eclipse 可以支持不同的计算机语言，比如 C++ 和 Python 等开发工具。Eclipse 的本身只是一个框架平台，但是众多插件的支持使得 Eclipse 拥有其他功能相对固定的 IDE 软件很难具有的灵活性。许多软件开发商以 Eclipse 为框架开发自己的 IDE。

Eclipse 最初由 OTI 和 IBM 两家公司的 IDE 产品开发组创建，起始于 1999 年 4 月。IBM 提供了最初的 Eclipse 代码基础，包括 Platform、JDT 和 PDE。Eclipse 项目 IBM 发起，围绕着 Eclipse 项目已经发展成为一个庞大的 Eclipse 联盟，有 150 多家软件公司参与 Eclipse 项目，其中包括 Borland、Rational Software、Red Hat 及 Sybase 等。Eclipse 是一个开放源码项目，它其实是 Visual Age for Java 的替代品，其界面跟先前的 Visual Age for Java 差不多，但由于其开放源码，任何人都可以免费得到，并可以在此基础上开发各自的插件，因此越来越受人们关注。随后还有包括 Oracle 在内的许多大公司也纷纷加入了该项目，Eclipse 的目标是成为可进行任何语言开发的 IDE 集成者，使用者只需下载各种语言的插件即可。

Eclipse 的基础是富客户机平台（rich client platform，即 RCP）。RCP 包括下列组件：核心平台（启动 Eclipse，运行插件）、OSGi（标准集束框架）、SWT（可移植构件工具包）、JFace（文件缓冲、文本处理、文本编辑器）、Eclipse 工作台（即 Workbench，包含视图（views）、编辑器（editors）、视角（perspectives）和向导（wizards）。

Eclipse 的设计思想是：一切皆插件。Eclipse 核心很小，其他所有功能都以插件的形式附加于 Eclipse 核心之上。Eclipse 基本内核包括：图形 API（SWT/Jface）、Java 开发环境插件（JDT）、插件开发环境（PDE）等。Eclipse 的插件机制是轻型软件组件化架构。在客户机平台上，Eclipse 使用插件来提供所有的附加功能，例如，支持 Java 以外的其他语言。已有的分离插件已经能够支持 C/C++（CDT）、Perl、Ruby、Python、telnet 和数据库开发。插件架构能够支持将任意的扩展加入到现有环境中，例如，配置管理，而绝不仅仅限于支持各种编程语言。

Eclipse 是一个开放源代码的软件开发项目，专注于为高度集成的工具开发提供一个全功能的、具有商业品质的工业平台。它主要由 Eclipse 项目、Eclipse 工具项目和 Eclipse 技术项目 3 个项目组成，具体包括 4 个部分组成——Eclipse Platform、JDT、CDT 和 PDE。JDT 支持 Java 开发、CDT 支持 C 开发、PDE 用来支持插件开发，Eclipse Platform 则是一个开放的可扩展 IDE，提供了一个通用的开发平台。它提供建造块和构造并运行集成软件开发工具的基础。Eclipse Platform 允许工具建造者独立开发与他人工具无缝集成的工具从而无须分辨一个工具功能在哪里结束，而另一个工具功能在哪里开始（图 8 – 2 – 14）。

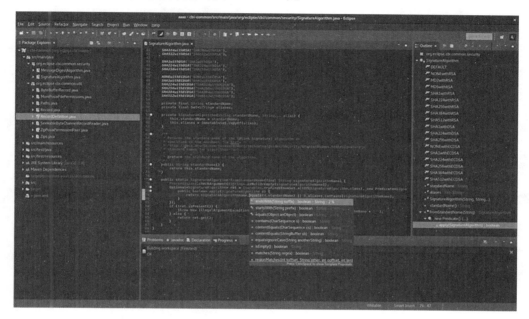

图 8 – 2 – 14　Eclipse 主界面

2. Eclipse IDE 2018 – 12

Eclipse IDE 2018 – 12 是 Eclipse 于 2018 年 12 月 19 日发布的最新版本，旨在打造"比以前更好的、领先的专业开发者开放平台"。Eclipse IDE 2018 – 12 的主要新增特性如下：①支持 Java、JavaScript、C/ C + +、PHP、Rust 等多种语言；②支持最新的 Java 版本，如 Java 11 和 Java EE 8；③随季度更新的特性，更适应未来；④更新文本颜色、背景颜色、弹出对话框等；⑤增强代码覆盖分析；⑥经过验证的可扩展性，支持各种各样的插件。

在功能上，Eclipse IDE 2018 – 12 的具体表现如下：

Eclipse BuildShip 3.0.0 发布。

◆ Buildship 3.0.0 可以导入项目，即使它们的配置已被破坏。在这种情况下，根项目按原样导入。此外，不是使用自定义错误对话框，而是通过错误标记显示同步问题。如果错误中存在位置信息，Buildship 3.0.0 会将错误标记分配给适当的资源（图 8 – 2 – 15）。

◆ Buildship 3.0.0 现在为下游依赖项提供一个稳定的 API，以编程方式管理 Gradle 项目。API 包含以下组件：项目同步 API、任务执行 API 和项目配置器。

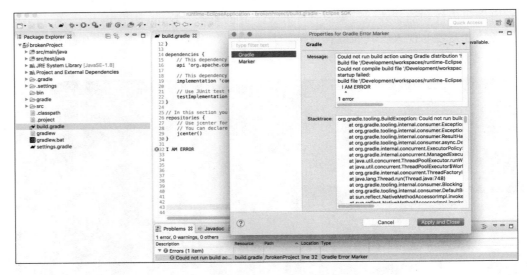

图 8-2-15　Buildship 项目导入

◆ Buildship 3.0.0 现在提供全部首选级别的所有配置选项。对于特定的 Gradle 构建或单个任务执行，用户可以为整个工作区设置 Gradle 用户主页、JVM 参数等（图 8-2-16）。

图 8-2-16　Buildship 首选项

第三节 组件式 GIS 开发

为了展现组件式 GIS 在开发过程中的便利性和高效性,本节使用 ArcGIS Engine 软件,进行组件式 GIS 开发过程的简单介绍。以下开发实验将使用 C#语言在 Microsoft Visual Studio 2010 中进行 ArcGIS Engine 的二次开发,实现地图显示、放大、全图显示、漫游、属性查询、空间查询、居中放大、拉框放大功能和打开文件等基础功能。

一、创建新的项目工程

首先,我们要创建 Windows 窗体应用程序,便于在 Windows 环境下运行 ArcGIS 控件。

(1)打开 Microsoft Visual Studio 2010,点击"新建项目 → Visual C# → Windows → Windows 窗体应用程序",更改项目名称为"地图浏览",更改文件路径为个人文件夹(图 8 – 3 – 1)。

图 8 – 3 – 1　组件式开发 – 创建项目

(2)选中项目"地图浏览"中的窗体"Form1",修改其 Name 属性为"MainForm",Text 属性为"地图浏览"(图 8 – 3 – 2)。

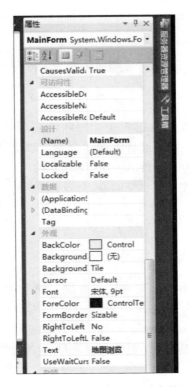

图 8-3-2 组件式开发-修改窗体属性

二、地图显示功能

加入 ArcGIS 控件，使地图数据显示在窗口中，以便进行更进一步的功能展示。

（1）点击"工具箱"，展开"ArcGIS Windows Forms"菜单，单击其中的 MapControl，将 MapControl 移动到 Form1 中。同样地，再将 LicenseControl 添加到 Form1 中。然后，调整 Form1 和 MapControl、LicenseControl 的位置与大小。

MapControl、LicenseControl 均是用于 ArcGIS Engine 二次开发的控件。其中，MapControl 控件封装了 Map 对象，并提供了其他的属性、方法和事件，用于管理控件的外观、显示属性和地图属性，管理、添加数据图层，装载地图文档，显示、绘制跟踪图层；LicenseControl 控件用于对 ArcGIS Engine 进行许可授权（图 8-3-3）。

第八章　组件式 GIS　　163

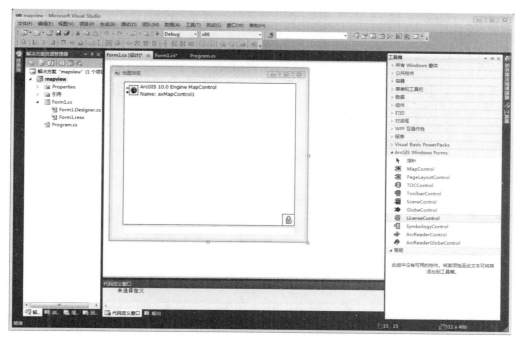

图 8-3-3　组件式开发-加载地图组件

（2）在 MapControl 上单击鼠标右键，选择"属性"点击"Map"面板，之后点击"+"按钮，选择"China"文件夹中的"bou2_4p.shp"（图 8-3-4、图 8-3-5）。

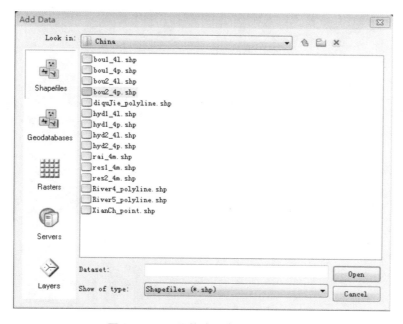

图 8-3-4　组件式开发-添加数据

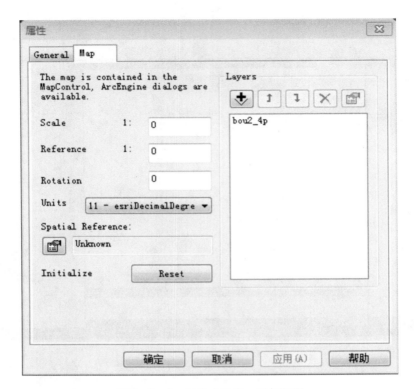

图 8-3-5　组件式开发-添加图层

（3）点击"启动调试"按钮，可在窗体中显示出中国地图（图 8-3-6）。

图 8-3-6　组件式开发-地图显示运行

三、放大、全图显示和漫游功能

在地图显示后，我们可以加入其他简单的功能，以提高用户的交互性，如放大地图以展现更多细节部分，漫游显示当前区域的周边细节，返回全图显示再重新操作。

右键点击"MapControl"控件的属性，点击"事件"按钮，选择"OnMouseDown"事件，双击事件直接进入到代码编辑界面。然后，添加响应鼠标的相关代码，以实现左键放大和右键全图显示或漫游的功能。如图8-3-7所示：

```
private void axMapControl1_OnMouseDown(object sender, ESRI.ArcGIS.Controls.IMapControlEvents2_OnMouseDownEvent e)
{
    if(e.button = =1)
        this.axMapControl1.Extent = this.axMapControl1.TrackRectangle();
    else if(e.button = =2)
        this.axMapControl1.Extent = this.axMapControl1.FullExtent;//全图显示
        //this.axMapControl1.Pan()//漫游
}
```

图8-3-7 组件式开发-放大缩小功能

四、属性查询功能

有时候,我们希望直接通过搜索定位一个区域,这就需要添加属性查询功能。

(1)点击"工具箱",展开"公共控件"菜单,往 Form1 中添加一个 Label 和一个 TextBox。将 Label 控件的"Text"属性修改为"城市名称",TextBox 控件的 Name 属性修改为 txtStateName(图 8-3-8)。

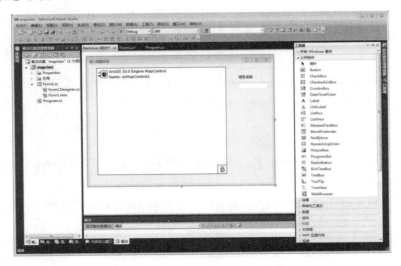

图 8-3-8 组件式开发-添加查询条件

(2)在项目左侧的"解决方案资源管理器窗口"中,右击"引用"选择"添加引用"添加"ESRI.ArcGIS.Geodatabase"(图 8-3-9)。

图 8-3-9 组件式开发-添加引用

(3) 双击 TextBox 控件,进入代码编辑界面。在代码编辑区域的命名空间(namespace) 的上方输入以下内容:

```
using ESRI.ArcGIS.Carto;
using ESRI.ArcGIS.Geodatabase;
```

(4) 右键点击 TextBox 的属性,在事件中选择"KeyUp",双击该控件添加以下代码:

```
private void txtStateName_KeyUp(object sender, KeyEventArgs e)
{
    //判断鼠标键值,如果 Enter 键按下抬起后,进入查询
    if(e.KeyCode == Keys.Enter)
    {
        //定义图层,要素游标,查询过滤器,要素
        IFeatureLayer pFeatureLayer;
        IFeatureCursor pFeatureCursor;
        IQueryFilter pQueryFilter;
        IFeature pFeature;
        //获取图层
        pFeatureLayer = this.axMapControl1.Map.get_Layer(0) as IFeatureLayer;
        //如果图层名称不是 states,程序退出
        if(pFeatureLayer.Name! = "bou2_4p")
            return;
        //清除上次查询结果
        this.axMapControl1.Map.ClearSelection();
        //生成一个新的查询器,pQueryFilter 的实例化
        pQueryFilter = new QueryFilterClass();
        //设置查询过滤条件
        pQueryFilter.WhereClause = " NAME = '" + txtStateName.Text + "'";
        //查询
        pFeatureCursor = pFeatureLayer.Search(pQueryFilter, true);
        //获取查询到的要素
        pFeature = pFeatureCursor.NextFeature();
        //判断是否获取到要素
```

```
            if(pFeature! = null)
            {
                //选择要素
                this.axMapControl1.Map.SelectFeature(pFeatureLayer,pFeature);
                //放大到要素
                this.axMapControl1.Extent = pFeature.Shape.Envelope;
            }
            else
            {
                //没有得到 pFeature 的提示
                MessageBox.Show("没有找到名为" + txtStateName.Text + "的省","
提示");
            }
        }
    }
```

（5）根据代码的约束，只能在" bou2_4p" 图层下，搜索正确的省会名称。

输入正确的省会名称后，点击"Enter"键，会标亮需要定位的区域。如果省会名称不正确，会弹出窗口显示"没有找到该省"（图 8 – 3 – 10）。

图 8 – 3 – 10　组件式开发 – 搜索结果

五、空间查询功能

还有，我们可能想随机查询某个区域的名称属性，则需要添加点查询功能。另外，在定位到一个省会后，我们若想了解其周边有哪些省会，则可以添加线查询、矩形查询、圆查询功能。这些功能统称为空间查询功能。

（1）点击"工具箱"，展开"公共控件"菜单，往 Form1 中添加 4 个 Button 和 1 个 TextBox。属性设置如表 8-3-1 所示：

表 8-3-1　查询功能设置

类型	Name	Text	用途
TextBox	txtTips	请在地图上选取地物！	系统操作提示
Button	btnPointQuery	点查询	点查询
Button	btnLineQuery	线查询	线查询
Button	btnRectQuery	矩形查询	矩形查询
Button	btnCircleQuery	圆查询	圆查询

（2）在类中，添加一个公共函数 ConvertPixelToMapUnits，用来根据屏幕像素计算实际的地理距离。然后添加空间查询 QuerySpatial 函数。上述两个代码省略。

（3）在类中，定义鼠标标记的成员变量 mMouseFlag。

在设计窗口，双击点"查询按"钮，进入点击按钮响应事件填写如下代码。

```
private void btnPointQuery_Click(object sender, EventArgs e)
{
    mMouseFlag = 1;
    this.axMapControl1.MousePointer = esriControlsMousePointer.esriPointerCrosshair;
}
```

相应的线查询、矩形查询、圆查询添加同样的代码，但 nMouseFlag 值要作如下改变：线查询中 nMouseFlag = 2，矩形查询中 nMouseFlag = 3，圆查询中 nMouseFlag = 4。

（4）双击 MapControl 控件的 OnMouseDown 事件，填入以下代码。

```csharp
private void axMapControl1_OnMouseDown(object sender, ESRI.ArcGIS.Controls.IMapControlEvents2_OnMouseDownEvent e)
{
    //记录查询到的要素名称
    string strNames = "查询到的要素为:";
    //查询的字段名称
    string strFieldName = "NAME";
    //点查询
    if(mMouseFlag == 1)
    {
        IActiveView pActiveView;
        IPoint pPoint;
        double length;
        //获取视图范围
        pActiveView = this.axMapControl1.ActiveView;
        //获取鼠标点击屏幕坐标
        pPoint = pActiveView.ScreenDisplay.DisplayTransformation.ToMapPoint(e.x, e.y);
        //屏幕距离转换为地图距离
        length = ConvertPixelToMapUnits(pActiveView, 2);
        ITopologicalOperator pTopoOperator;
        IGeometry pGeoBuffer;
        //根据缓冲半径生成空间过滤器
        pTopoOperator = pPoint as ITopologicalOperator;
        pGeoBuffer = pTopoOperator.Buffer(length);
        strNames = strNames + QuerySpatial(this.axMapControl1, pGeoBuffer, strFieldName);
    }
    else if(mMouseFlag == 2)                //线查询
    {
        strNames = strNames + QuerySpatial(this.axMapControl1, this.axMapControl1.TrackLine(), strFieldName);
    }
    else if(mMouseFlag == 3)                //矩形查询
    {
```

```
            strNames = strNames + QuerySpatial( this. axMapControl1 , this. axMapCon-
trol1. TrackRectangle( ) , strFieldName) ;
        }
        else if( mMouseFlag = = 4 )                    //圆查询
        {
            strNames = strNames + QuerySpatial( this. axMapControl1 , this. axMapCon-
trol1. TrackCircle( ) , strFieldName) ;
        }
        else
        {
            strNames = "未得到空间要素!";
        }
        //提示框显示提示
        this. txtTips. Text = strNames;
    }
```

(5) 点击"调试"按钮,进入调试页面。

点击"点查询"左键点击地图中的一个点,即可查询要素(图 8 – 3 – 11)。

图 8 – 3 – 11　组件式开发 – 点查询实现

点击"线查询",左键点击(折)线的起始点,然后不断延伸,注意以双击左键结束,即可查询要素。

点击"矩形查询"，左键点击矩形的一个对角点，然后拉取矩形，注意以右键结束，即可查询要素。

点击"圆查询"，左键点击选取圆心，然后长按鼠标左键向外拉伸即可查询。

上述三者，操作结果如图 8-3-12 所示。

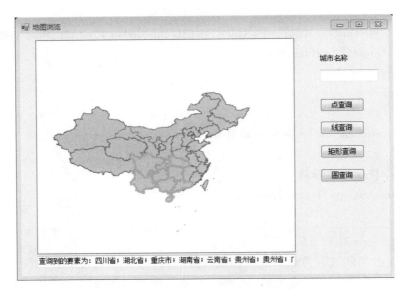

图 8-3-12　组件式开发-圆查询实现

六、居中放大功能

为了细化放大功能，我们添加居中放大功能按钮。当鼠标单击该按钮时，地图将按照固定比例尺，居中放大一倍。

（1）在 Form1 中添加一个 Button，将其 Name 属性改为 btnFixedZoomIn，Text 属性更改为"居中放大"。

（2）点击菜单栏上的"项目→添加类"在类别中选中 ArcGIS，在模板中选择 Base Command，或者搜索"Base Command"。点击，在名称中将其更改为"FixedZoomIn"点击添加，并选择"Map Control or Page Layout Control Command"（图 8-3-13）。

第八章 组件式 GIS 173

图 8-3-13 组件式开发 – 居中放大

（3）双击解决方案资源管理器中的 FixedZoomIn.cs 项，进入该类的代码编写界面。在代码编辑区域 namespace 的上方添加如下代码：

using ESRI. ArcGIS. Carto；
using ESRI. ArcGIS. Geometry；

（4）将 base. m_ caption、base. m_ toolTip 更改为"居中放大"，将 base. m_name 更改为"FixedZoomIn"。

（5）下拉事件菜单项，选择 OnClick（ ）函数，加入如图 8-3-14 所示代码：

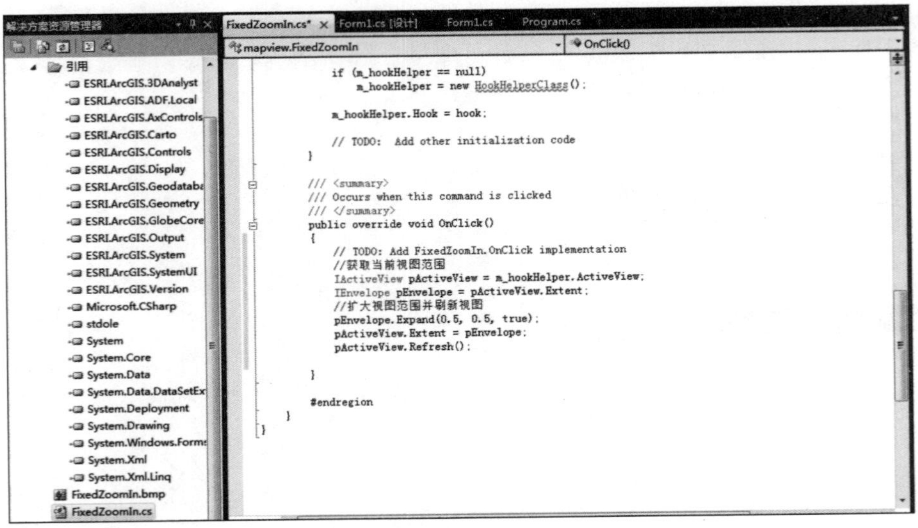

图 8 – 3 – 14 组件式开发 – 居中放大代码

（6）转到 Form1 设计窗口，双击"居中放大"按钮，进入该按钮 Click 事件相应函数，添加如下代码：

```csharp
private void btnZoomIn_Click(object sender, EventArgs e)
{
    //声明与初始化
    FixedZoomIn fixedZoomin = new FixedZoomIn();
    //与 MapControl 关联
    fixedZoomin.OnCreate(this.axMapControl1.Object);
    fixedZoomin.OnClick();
}
```

（7）进入调试阶段，点击"居中放大"按钮时，地图会放大一倍（图 8 – 3 – 15）。

第八章 组件式 GIS

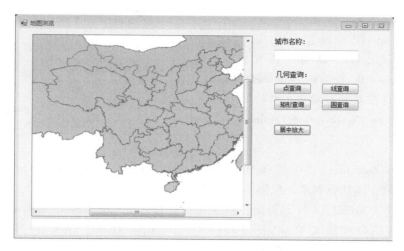

图 8-3-15　组件式开发-居中放大结果

七、拉框放大功能

之前，我们实现的是按固定比例尺放大的功能，不一定能完全显示我们所需要的细节。此处，我们添加拉框放大功能按钮，在窗口内实现我们所需要的区域细节化。

（1）在 Form1 中添加一个 Button，将其 Name 属性改为 btnZoomIn，Text 属性更改为"拉框放大"。

（2）点击菜单栏上的"项目→添加类"在类别中选中 ArcGIS，在模板中选择 BaseTool，或者直接搜索"Base Tool"。点击，在名称中将其更改为"ZoomIn"，点击添加，并选择"Map Control or Page Layout Control Command"。

（3）在代码编辑区域 namespace 的上方添加 ESRI. ArcGIS. Carto、ESRI. ArcGIS. Geodatabase、ESRI. ArcGIS. Geometry、ESRI. ArcGIS. Display 4 个引用。然后，将 base. m_ caption、base. m_ toolTip 更改为"拉框放大"将 base. m_ name 更改为"ZoomIn"。

上述 3 个步骤，类似"居中放大"的前期步骤，此处省略操作图片。

（4）点击"拉框放大"按钮后，鼠标在 MapControl 的视图中的拉框过程可以分解为 3 个事件，鼠标在视图上的按下（MouseDown），鼠标按下在视图上的移动（MouseMove），鼠标放开（MouseUp），我们需要在鼠标按下时刻和放开时刻记录鼠标点击的坐标，然后可以得到一个新的视图范围，完成放大操作。

因此，需要在这个类中定义 3 个成员变量，3 个成员变量的功能如注释所示。

```
//记录鼠标位置
private IPoint m_point;
//标记 MouseDown 是否发生
private Boolean m_isMouseDown;
//追踪鼠标移动产生新的 Envelope
private INewEnvelopeFeedback m_feedBack;
```

（5）在 ZoomIn.cs 类中的 OnMouseDown 函数中的 OnMouseDown、OnMouseMove 和 OnMouseUp 函数分别添加代码。此处省略代码。

（6）进入 Form1.cs 代码界面，定义成员变量：private ZoomIn mZoomIn = null；并将新的代码分别加入 MapControl 控件中的 OnMouseDown、OnMouseMove 和 OnMouseUp 函数中。此处省略代码。

（7）进入调试阶段，点击"拉框放大"按钮时，所选择区域会放大一倍（图 8-3-16）。

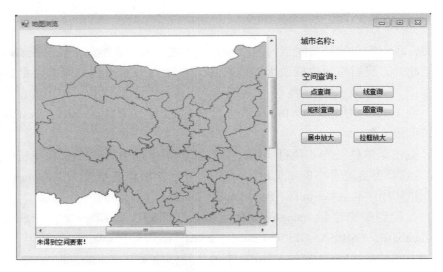

图 8-3-16　组件式开发 - 拉框放大结果

八、基础功能

一般程序窗口中，基础功能必不可少，如打开文件、添加数据功能。为了提高程序的完整性，我们加入清空图层、打开 MXD、添加数据（添加 Shp 格式的数据、添加 GDB 格式的数据）3 个基础功能（图 8-3-17）。

第八章 组件式 GIS

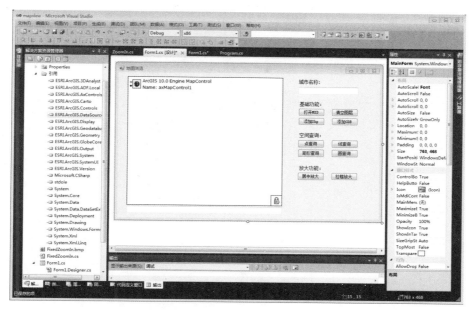

图 8-3-17 组件式开发-数据管理

（1）往 Form1 中添加 4 个 Button 控件，控件属性设置如表 8-3-2 所示：

表 8-3-2 数据管理功能设置

类型	Name	Text	用途
Button	btnClear	清空图层	清空图层
Button	btnMxd	打开 MXD	打开 MXD 文档
Button	btnShp	添加 Shp	添加 Shp 图层
Button	btnGdbVector	添加 GDB 矢量	添加 GDB 矢量数据

（2）分别双击打开"添加数据""清空图层""打开 MXD""添加 Shp""添加 GDB"按钮，进入代码编辑界面，添加新的代码，此处代码省略。

注意：在给"添加 GDB"加入代码前，需先右键点击"引用"，添加"ESRI. ArcGIS. DataSourcesGDB"并在代码编辑区域的命名空间（namespace）的上方输入以下内容：using ESRI. ArcGIS. DataSourcesGDB;同时，编写一个独立的方法，该方法根据指定的路径名称读取 mdb，并返回其中包含的要素类。

（3）进入调试状态，主界面如图 8-3-18 所示：

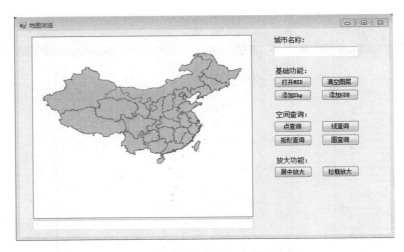

图 8-3-18　组件式开发-数据管理界面

点击"打开 MXD"按钮（图 8-3-19）：

图 8-3-19　组件式开发-数据管理（打开 MXD）

点击"添加 Shp"按钮（图 8-3-20）：

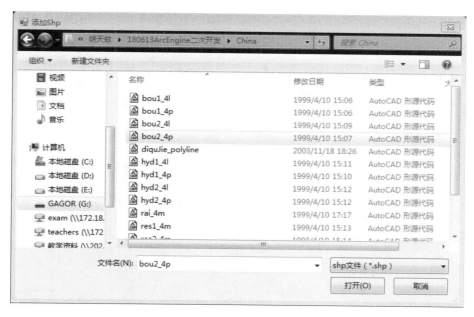

图 8 – 3 – 20　组件式开发 – 数据管理（添加 shp）

点击"添加 GDB"按钮（图 8 – 3 – 21）：

图 8 – 3 – 21　组件式开发 – 数据管理（添加 GDB）

点击"清空图层"按钮（图 8 – 3 – 22）：

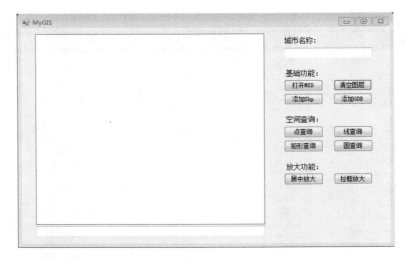

图 8-3-22　组件式开发-数据管理（清空图层）

思考和实验：
（1）组件式 GIS 原理是什么，和面向对象思想有什么关系？
（2）ArcGIS Engine 是什么，主要功能有哪些？
（3）选择 ArcGISEngine 或 SuperMAP Objects，做二次开发实验。

第九章 服务式 GIS

第一节 Web GIS

Web GIS 是 Internet 技术应用于 GIS 开发的产物,是现代 GIS 技术的重要组成部分。Web GIS 是一个交互式的、分布式的、动态的地理信息系统,由客户机与服务器(HTTP 服务器及应用服务器)相连所组成的。GIS 通过 WWW 功能得以扩展,真正成为一种大众使用的工具。从 WWW 的任意一个节点,Internet 用户可以浏览 WebGIS 站点中的空间数据、制作专题图,以及进行各种空间检索和空间分析,从而使 GIS 进入千家万户。

Web GIS 技术近年来得到快速发展,其应用也扩展到国民经济和社会领域的各个方面。GIS 正是通过计算机网络才得以迅速扩展,成为真正服务于大众的工具。

一、Web GIS 的特点

(1) 全球化的客户/服务器应用。全球范围内任意一个 WWW 节点的 Internet 用户都可以访问 WebGIS 服务器提供的各种 GIS 服务,甚至还可以进行全球范围内的 GIS 数据更新。

(2) 真正大众化的 GIS。由于 Internet 的爆炸性发展,Web 服务正在进入千家万户,WebGIS 给更多用户提供了使用 GIS 的机会。WebGIS 可以使用通用浏览器进行浏览、查询,额外的插件(plug-in)、ActiveX 控件和 Java Applet 通常都是免费的,降低了终端用户的经济和技术负担,很大程度上扩大了 GIS 的潜在用户范围。而以往的 GIS 由于成本高和技术难度大,往往成为少数专家拥有的专业工具,很难推广。

(3) 良好的可扩展性。WebGIS 很容易跟 Web 中的其他信息服务进行无缝集成,可以建立灵活多变的 GIS 应用。

(4) 跨平台特性。在 WebGIS 以前,尽管一些厂商为不同的操作系统(如 Windows、UNIX、Macintosh)分别提供了相应的 GIS 软件版本,但是没有一个 GIS 软件真正具有跨平台的特性。而基于 Java 的 WebGIS 可以做到一次编成、到处运行

(write once、run anywhere），把跨平台的特点发挥得淋漓尽致。

二、WebGIS 的基本特征

1. WebGIS 是集成的全球化的客户/服务器网络系统

WebGIS 应用客户/服务器概念来执行 GIS 的分析任务。它把任务分为服务器端和客户端两部分，客户可以从服务器请求数据、分析工具或模块，服务器或者执行客户的请求并把结果通过网络送回给客户，或者把数据和分析工具发送给客户供客户端使用。

2. WebGIS 是交互系统

WebGIS 可使用户在 Internet 上操作 GIS 地图和数据，用 Web 浏览器（IE、Netscape, etc.）执行部分基本的 GIS 功能：如 Zoom（缩放）、Pan（拖动）、Query（查询）和 Label（标注），甚至可以执行空间查询：如"离你最近的旅馆或饭店在哪儿"或者更先进的空间分析，缓冲分析和网络分析等。在 Web 上使用 WebGIS 就和在本地计算机上使用桌面 GIS 软件一样。

通过超链接（Hyperlink），WWW 提供在 Internet 上最自然的交互性。通常用户通过超链接所浏览的 Web 页面是由 WWW 开发者组织的静态图形和文本，这些图形大部分是 FPEG 和 GIF 格式的文件，因此用户无法操作地图，甚至连像 Zoom、Pan、Query 这样简单的分析功能都无法执行。

3. WebGIS 是分布式系统

GIS 数据和分析工具是独立的组件和模块，WebGIS 利用 Internet 的这种分布式系统把 GIS 数据和分析工具部署在网络不同的计算机上，用户可以从网络的任何地方访问这些数据和应用程序，即不需要在本地计算机上安装 GIS 数据和应用程序，只要把请求发送到服务器，服务器就会把数据和分析工具模块传送给用户，达到 Just – in – time 的性能。

Internet 的一个特点就是它可以访问分布式数据库和执行分布式处理，即信息和应用可以部署在跨越整个 Internet 的不同计算机上。

4. WebGIS 是动态系统

由于 WebGIS 是分布式系统，数据库和应用程序部署在网络的不同计算机上，随时可被管理员更新，对于 Internet 上的每个用户来说都将得到最新可用的数据和应用，即只要数据源发生变化，WebGIS 将得到更新。和数据源的动态链接将保持数据和软件的现势性。

5. WebGIS 是跨平台系统

WebGIS 对任何计算机和操作系统都没有限制。只要能访问 Internet，用户就可以访问和使用 WebGIS 而不必关心用户运行的操作系统是什么。随着 Java 的发展，未来的 WebGIS 可以做到"一次编写、到处运行"，使 WebGIS 的跨平台特性走向更高层次。

6. WebGIS 能访问 Internet 异构环境下的多种 GIS 数据和功能

此特性是未来 WebGIS 的发展方向。异构环境下在 GIS 用户组间访问和共享 GIS 数据、功能和应用程序，需要很高的互操作性。OGC 提出的开放式地理数据互操作规范（open geodata interoperablity specificaton）为 GIS 互操作性提出了基本的规则。其中有很多问题需要解决，例如，数据格式的标准、数据交换和访问的标准、OIS 分析组件的标准规范等。随着 Internet 技术和标准的飞速发展，完全互操作的 WebGIS 将会成为现实。

7. WebGIS 是图形化的超媒体信息系统

使用 Web 上超媒体系统技术，WebGIS 通过超媒体热链接可以链接不同的地图页面。例如，用户可以在浏览全国地图时，通过单击地图上的热链接，而进入相应的省地图进行浏览。

另外，WWW 为 WebGIS 提供了集成多媒体信息的能力，把视频、音频、地图、文本等集中到相同的 Web 页面，极大地丰富了 GIS 的内容和表现能力。

三、WebGIS 的基础技术

1. 空间数据库管理技术

对象—关系数据库技术和面向对象的数据库技术正在逐步成熟起来，成为未来 GIS 空间数据管理的主要技术。因为关系型数据库管理系统已经相当成熟，商业化的 RDBMS 不仅支持 C/S 模式，而且支持数据分布，通过 SQL 语言和 ODBC，几乎所有的 GIS 软件通过公共标识号都能和其协同运行。

2. 面向对象方法

从面向对象技术的发展来看，它是描述地理问题非常理想的方法。面向对象是一种认识方法。面向对象分析（OOA）、面向对象设计（OD）、面向对象语言（OOL）和面向对象数据管理（OODBM）贯穿整个信息系统的生命周期。面向对象的空间数据库技术正在逐步成熟，空间对象查询语言（SOQL）、空间对象关系分析、面向对象数据库管理、对象化软件技术等，都和 GIS 密切相关。

3. 客户/服务器模式

客户/服务器的含义非常广泛，数据库技术和分布处理技术都和它密切相关。通过平衡客户/服务器间的数据通信和地理运算，能够利用服务器的高性能处理复杂的关键性业务，并降低网络数据流量；通过规划客户/服务器模式的 GIS 系统，用户能够最大限度地利用网络上的各种资源。

4. 组件技术

为避免系统重复编码，浪费软件资源，参照制造业成功经验，使用插件（plug-in）、组件（activex）和中间件（middle ware）技术组装软件产品；如各软件生产商制作自己最好的组件,其他软件开发人员和系统集成人员可直接使用该部件提供的功能,无须重新编码,从而扩大了软件开发社会分工,提高了软件生产效率。

5. 分布式计算机平台

即 Distributed Computing Platform 技术,目前有 OMG 的 CORBA/Java 标准和微软的 DCOM/ActiveX 标准。

另外,与 WebGIS 相关的技术还包括多媒体数据操作标准 ISO SQL/MM、地理数据目录服务技术(geodata catalog service)、数据仓库技术、地理信息高速公路设施等等。

四、现有 Web GIS 产品

GIS 向网络化发展是大势所趋。Web GIS 已成为当今 GIS 技术研究热点,也是各大厂商激烈竞争的焦点。当前,国内外几家主要的 GIS 厂商也都在积极开发 Web GIS 产品,提出自己的解决方案。

1. 国外主要 Web GIS 产品

在国外,典型的 Web GIS 产品包括 Microsoft 公司 Terra Server 影像数据服务器、MapPoint. NET,Google 公司地图搜索服务 Google Earth 等。MapPoint Web 提供的服务有:基于地址、兴趣点、经纬度的位置服务、位置相关背景服务、路径选择服务、邻近搜索服务和距离计算服务等。MapPoint 3.0 基于 VS. NET 开发,任何网络用户都可以通过 SOAP 来访问 MapPoint 的 XML Web Service 接口。VS. NET 会自动为 MapPoint 服务产生代理类,使得开发者可以非常方便地使用 MapPoint 的服务。Google Earth 整合了本地搜索与驾车指南两项服务,具有地图注释功能,采用 3D 地图定位技术,提供卫星遥感图像、鸟瞰图和立体图 3 种可视化模式,可在 3D 地图上通过交互方式定点查看指定区域,进行不同视角的放大、缩小、漫游等地图控制以及自动搜索路径完成道路导航等操作。Google 公司通过发布地图服务应用程序接口(Google Maps API),允许用户在程序中嵌入 Google Maps 功能,开发人员可以用 Java Script 脚本语言将 Google Maps 服务嵌入网页,将平台与地理数据捆绑,从地图服务和开发两个层面降低了 GIS 开发门槛,大大促进了空间信息的应用领域。

2. 国内主要 Web GIS 产品

在国内,Web GIS 技术也有了长足的进步。国内对 Web GIS 的应用范围主要偏重于行业部门,包括利用 Web 服务器进行地理信息服务支撑下的平台建设和提供公众基础地理信息服务的应用,如"数字城市""智慧城市"等。国内 Web GIS 比较典型的开发平台有 SuperMap IS、GeoSurf 等。

SuperMap IS 是基于. Net 技术和 SuperMap Objects 组件技术开发,采用面向分布式计算技术,支持跨区域、跨网络的复杂大型网络应用系统进行集成,引入了

Web Services 技术，提供了 GIS Web Services 和 Web Controls 组件，具有系统安全可靠、系统维护和升级简单方便以及网络级可重用等诸多优点。

武汉吉奥信息工程技术有限公司开发的 GeoSurf 是一套基于 J2EE 的 Web GIS 平台软件，提供了强大的基于网络环境的在线地图访问、浏览、查询、编辑处理和输出等工具，在体系结构上包含 GeoSurf 客户端组件、GeoSurf 应用服务器、GeoSurf 空间数据处理服务器（SDPS）和 GeoSurf 部署管理工具等几个部分。

第二节 服务式 GIS

什么是 Service GIS？简单来讲，Service GIS 就是运行于网络上的组件式 GIS。从服务器端来说，就是将组件部署成为网络上的服务，进行全网络范围的共享、重用；从客户端来说，就是使网络服务可以像本地组件一样地进行开发、集成。

从软件工程方法的演进来看，可以分为四个主要阶段，即面向过程、面向对象、面向组件、面向服务的软件设计和开发。面向过程方法对应于命令行处理的软件形态，比如，C 语言时代和命令行处理软件；面向对象方法催生了大量的图形化桌面软件，如基于 C++ 和 OOP 的桌面软件；面向组件方法（即 COM 技术）产生了大量的组件，如经典的 SuperMap Objects 组件式 GIS 平台；面向服务方法将会产生基于 SOA（Service Oriented Architecture）的大规模 GIS 平台，这就是 Service GIS。

面向服务的软件技术是组件技术发展的自然演进，将使组件式 GIS 无缝地发展到服务式 GIS 时代，并实现与传统 GIS 开发方法的融合，从而带来 GIS 平台技术的一次飞跃性的发展。

Service GIS 和 WebGIS、Server GIS 都是网络时代的产物，代表了 GIS 网络化发展的不同阶段。初级阶段是 WebMapping（以 *IMS 软件为代表），中级阶段是 WebGIS、Server GIS，发展到高级阶段就是 Service GIS，这几者有很多类似的地方，也有比较大的区别。部分关键特征对比如表 9-2-1 所示：

表 9-2-1 Service GIS 和 WebGIS Server GIS 功能对比

关键特征	WebGIS	Server GIS	Service GIS
GIS 功能	比较简单，以浏览查询和简单分析为主	提供较为全面的 GIS 功能	以服务的方式封装全面的 GIS 功能
部署方式	必须以 Web Server 作为运行环境	区分了 GIS 服务器和 Web Server，但还是基于中心式的架构部署	支持面向多中心架构的分布式的部署

续上表

关键特征	WebGIS	Server GIS	Service GIS
服务协议	客户端和服务端的访问协议是专有的，不开放	客户端和服务器端的协议是专有的，同时提供了标准协议的服务，如 OGC 的 W*S 服务	定义规范的服务接口协议并对外开放，同时发布各种标准协议的服务
终端支持	以 Web 浏览器为主	以 Web 浏览器为主，后期增加了各种客户端	多终端支持，包括 Web 浏览器、富客户端和桌面客户端以及移动终端
服务聚合	只能进行客户端的叠加，并需要复杂的开发	只能进行客户端的叠加，并需要复杂的开发	支持多重服务聚合，并支持聚合后再发布，只需简单配置即可实现服务聚合
开发方式	只支持 Web 开发	支持多种方式扩展开发，架构层次不够清晰，开发复杂	支持多层次开发，具有规范的服务接口协议和清晰的架构划分，灵活扩展

　　Service GIS 将成为面向服务的新的 GIS 应用与开发模式的主流，在新的技术环境与应用模式下，面临许多新的关键技术的挑战，包括多平台支持、多用户并发、稳定性、开发和部署的灵敏性、高可用性、安全性、灾难备份、可管理性等等。Service GIS 必须对这些方面进行深入的考虑，并提供完整的解决方案。

　　由于需要将多个网络服务节点和现有 IT 设施进行无缝地访问和集成，对多种不同平台的支持是必需的能力。Service GIS 通过两个层面来解决这个问题：一是共相式 GIS 内核，采用基于 STL（标准模板库）技术的微内核架构适应不同操作系统的特点，从而可以支持 Windows、Linux、Solaris、AIX、HP UX 等多种操作系统平台；二是服务层支持，包括多种 Web Service 协议的服务发布和服务的聚合访问，目前支持 REST、SOAP、WMS、WFS、GeoRSS、KML 等多种协议，实现多种平台基于服务接口的互操作。

　　作为基础的 IT 服务设施之一，GIS 服务平台应具备优秀的多用户并发访问支持能力，否则难以承载大规模业务处理的需要。Service GIS 支持 64 位、多核 CPU 计算，采用的非冗余多服务器集群技术、多级缓存技术可以大幅提升多用户的并发访问能力，并使并发用户数随着系统硬件能力扩展呈线性增长。

　　Service GIS 采用高性能的内核，具有松散耦合的服务式架构，通过单元测试、负载测试、持续测试等来保证系统功能的稳定性，通过自动化测试平台和在线诊断能力保障接口的一致性。

　　按需应变是 SOA（Service Oriented Architecture，面向服务的架构）的重要优点，通过采用 SOA 进行设计和开发，Service GIS 可以灵活地进行部署，并支持敏捷的系统开发，便于系统集成、异构互联和版本迁移。

Service GIS 具有更高的可用性。首先，通过集群支持负载均衡、容错处理和故障转移降低系统的宕机时间；其次，分布式计算架构支持建立分布式的非冗余备份服务站点；还可以通过聚合技术集成多种类型的网络服务资源。

Service GIS 通过与主流 IT 技术融合，可以支持多种安全机制，支持采用最新的安全技术。采用通用的安全管理机制，即可较好地实现安全性而且与整个系统融为一体，有效地防止安全漏洞，也避免了其他系统架构使用独立安全体制由于相互衔接而出现的管理复杂问题和授权存在的漏洞。

近年来的重大灾难多次提醒 IT 系统灾难备份的重要性，随着 SOA 架构的广泛采用，服务能力大量集中、系统功能的互联更强，灾难备份也成为更加严峻的课题。通过 Service GIS，建立分布式的服务中心，并构成一体化的集群，可以将并发计算、就近服务和灾难备份能力实现有机结合，为系统灾备和可靠性部署规划提供灵活的支持，使全球范围的网络化联机灾难备份都成为可能。

服务的广泛部署将带来 IT 管理模式的巨大变化，遍布在网络范围的大规模服务资源给管理带来前所未有的挑战，而同时 SOA 也给管理提供了更好的设计思想和技术支撑。Service GIS 提出的统一 GIS 参考架构和统一对象模型，使开发者可以像组件编程一样对网络地理空间信息服务资源进行统一管理和调用，使 GIS 服务的可获得性和可管理性都得到极大增强。

通过上述关键问题的解决，可以说 Service GIS 是网络时代的 GIS 理想架构，为地理空间信息服务基础设施的建设和应用提供了理想的基础架构、软件平台和解决方案。

第三节　服务式 GIS 开发

随着 GPS 定位设备、智能刷卡设备和网络社交工具的快速普及，人们的出行和活动都产生了大量的数据，数据类型也日益丰富和全面，这些数据很多在互联网上以共享的方式提供。譬如高德地图，拥有较完整的城市路网数据、POI 数据和准确的导航数据，且提供了 Java Script API（JS API）等编程接口供二次开发者使用。

掌握从网络上获取开源的或开放的空间数据技术已成为新时代地理信息系统数据采集教学的重要内容。由于保密和版权等原因，很多互联网上的数据并不提供直接下载，而是需要学生使用互联网编程技术抽取和保存。仍以高德地图为例，其提供了 JS API 等编程接口和丰富的范例资料，让用户二次开发检索路网和 POI（Point of Interest）等数据，调用路线规划或导航等功能。然而，网络地图的二次开发涉及的知识和技术多而杂，如 HTML 文档对象模型（Document Object Model，DOM）、层叠样式表（Cascading Style Sheet，CSS）、JS 语言（Java Script）等，更涉及 Web

服务、面向对象编程和异步 JavaScript 和 XML（Asynchronous Javascript and XML，AJAX）技术。很多专业并没有开设这方面的课程，学生也很少有这方面的知识储备。虽然互联网上有很多这方面的知识，但是在这个知识爆炸的时代，在网上找到合适的资料并不容易，特别对初学者来说，因为网上可能存在着陷阱和非法广告诱导。因此，在较短时间内，实现网络地图的空间数据抽取对多数学生来说是一个很大的挑战。

一、实验目的

通过基于高德地图的空间数据采集实验，使学生初步掌握动态 HTML 页面编程的基本知识，包括 DOM、CSS 和 JS 语言、数据库的基本知识，理解面向对象编程的概念；掌握高德地图 JS API 编程基础知识，特别是高德地图 API 中面向对象的编程思想和事件异步响应机制，能够使用该 API 自主编写 POI 数据采集网页，用多种方式搜索 POI，并将结果保存到本地，培养学生的网络地图编程能力，使学生在较短学习时间内就能掌握网页开发、JS 编程和高德地图编程技术，为地理信息系统的进一步学习和其他网络地图的使用开发奠定基础。

二、实验原理

实验原理涉及六个方面，包括 HTML 页面的文档对象模型 DOM、层叠样式表 CSS、JS 脚本语言编程、面向对象的脚本编程思想、Access 数据库原理及建库技术，以及高德地图 JS API 对象模型及异步调用机制等内容。

1. 文档对象模型

根据 W3C DOM 规范，文档对象模型 DOM 是一种与浏览器、平台、语言无关的接口，供人们访问页面内容的标准组件。DOM 给予 Web 设计师和开发者一种标准方法，让他们访问站点中的数据、脚本和表现层对象。

DOM 提供了对整个文档的访问模型，将文档作为一个树形结构，树的每个结点表示了一个 HTML 标签或标签内的文本项（图 9 - 3 - 1）。DOM 树结构精确地描述了 HTML 文档中标签间的相互关联性。将 HTML 或 XML 文档转化为 DOM 树的过程称为解析（parse）。HTML 文档被解析后，转化为 DOM 树，因此对 HTML 文档的处理可以通过对 DOM 树的操作实现。DOM 模型不仅描述了文档的结构，还定义了结点对象的行为，利用对象的方法和属性，可以方便地访问、修改、添加和删除 DOM 树的结点和内容。

对于网络地图来说，常用的页面元素 document（html）、head、body、input（包括 button、label、text 等）、div 等都是对象，有自己的属性、方法、事件，其中，div 是最重要的元素，是用来为 html 文档内大块（block-level）的地图等内容提供结构和背景的元素。div 的起始标签和结束标签之间的所有内容都是用来构成这个块的，其中所包含元素的特性由 div 标签的属性来控制，或者是通过使用样式表进行显示控制；内部元素可以包括 table、input 等元素，也可以仅仅是 input，甚至是 div，即 div 是可以嵌套的。

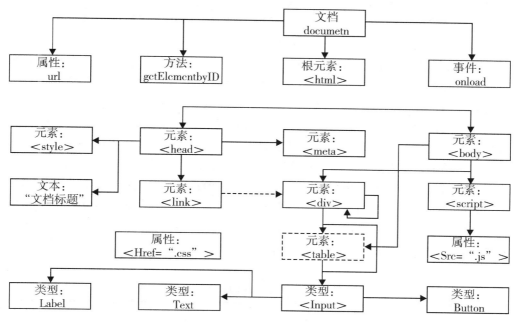

图 9-3-1　文档对象模型主要元素及其关系

网络地图基本都显示在 div 上，地图导航功能、菜单工具条和 POI 信息也基本在 div 上显示和更新。浏览网络地图的 JS 编程范例，会发现所有的显示基本是在 div 上实现的。

2. 层叠样式表 CSS

层叠样式表（cascading style sheet，CSS）是一种定义样式结构如字体、颜色、位置等的语言，被用于描述网页上的信息格式化和显示的方式。CSS 样式可以直接存储于 HTML 网页或者单独的样式单文件。

层叠样式表中的"层叠（cascading）"表示样式单规则应用于 HTML 文档元素的方式。具体地说，CSS 样式单中的样式形成一个层次结构，更具体的样式覆盖通用样式。样式规则的优先级由 CSS 根据这个层次结构决定，从而实现级联效果。

在网络地图中，CSS 常常用于 div 的显示位置、大小尺寸、背景颜色的设置和定义，同时对 div 上面的文字、button、text、label 的显示样式，如位置、字体、大小、颜色等的设置。

3. Java Script 语言

Java Script 语言是一种直译式脚本语言，是一种动态类型、弱类型、基于原型的语言，内置支持类型。它的解释器被称为 Java Script 引擎，为浏览器的一部分，广泛用于客户端的脚本语言，最早是在 html（标准通用标记语言下的一个应用）网页上使用，用来给 html 网页增加动态功能。现在已经被广泛用于 Web 应用开发，常用来为网页添加各式各样的动态功能，为用户提供更流畅、美观的浏览效果。不同于服务器端脚本语言，例如，PHP 与 ASP，Java Script 主要被作为客户端脚本语言在用户的浏览器上运行，不需要服务器的支持。

  谷歌地图的面世，给 Java Script 语言重新赋予了强大的生命力。Java Script 将页面元素（特别是 div）、Web 服务和异步消息响应机制集成在一起，实现了海量空间数据的无缝浏览和快速响应。同时，Java Script 又实现了进化，能够以面向对象的方式进行编程，地图、兴趣点、空间图形（点、线、面等）、搜索、地图工具等全部封装为类，每一类对象都有自己的属性、方法和事件，供 Java Script 构建和调用。特别是搜索对象，通过集成 Web 服务，实现了异步消息响应机制，在发出搜索请求的同时，设置好响应返回结果的回调函数；用户发出搜索请求后，无需等待返回结果，可以继续浏览查看其他内容；搜索结果返回后，回调函数再对结果进行处理，在地图上进行显示或以列表的方式显示。通过这种方式，网络地图为用户提供了良好的体验（表9-3-1）示例代码：

表9-3-1 搜索对象的异步消息响应

```
var placeSearch = new AMap.PlaceSearch({
    city:'021'
})
placeSearch.search('东方明珠',function(status,result){
    // 查询成功时,result 即对应匹配的 POI 信息
    var pois = result.poiList.pois;
        for(var i=0;i < pois.length;i++){
            var poi = pois[i];
            var marker = [];
            marker[i] = new AMap.Marker({
                position:poi.location,
                title:poi.name
            });
            // 将创建的点标记添加到已有的地图实例
            map.add(marker[i]);
        }
        map.setFitView();
})
```

4. Access 数据库

Access 是一款数据库应用的开发工具软件,其开发对象主要是 Microsoft JET 数据库和 Microsoft SQL Server 数据库。在 Windows 操作系统中,随着 Microsoft 在 ActiveX 技术上的发展,Windows 中不断升级换代的数据访问组件,这些组件包括 ODBC、OLEDB、DAO、ADO、JET 数据库引擎和这些组件一起已组成了免费的数据库管理系统。

Java script 能够通过 ADO 访问本地数据库表,插入、更新或删除数据。在实验中,如果要保存 POI 数据,应该现在 Access 里面建立和 POI 属性相对应的表格及字段,然后通过 ADO 数据库访问组件向数据库里面保存数据。示例代码如表 9 - 3 - 2:

表 9 - 3 - 2 Java Script 调用 ADO 组件在 Access 中保存数据

```
//Insert data into the database
    function addPOIData(strName,strId,strLongitude,strLatitude){
        var conn = new ActiveXObject("ADODB.Connection");
        conn.Open("DBQ = F:\webdemo\gdpoi.mdb;DRIVER = {Microsoft Access Driver (*.mdb)};");
        var sql = "insert into poi(Name,poiID,Lng,Lat) values('" + strName + "','" + strId + "','" + strLongitude + "','" + strLatitude + "')";
        try{
            conn.execute(sql);
        }
        catch(e){
            document.write(e.description);
        }
    }
```

三、实验设计和过程

本实验以高德地图 JS API 为开发平台,集成关键字、周边和多边形搜索功能,以及 MouseTool 插件的绘制覆盖物功能,开发一个 POI 数据搜索网页,实现关键字、周边、沿线、多边形、矩形和圆搜索,并将搜索结果 POI 显示到地图上,且 POI 的数据保存到 Access(2003 版)数据库里面(图 9 - 3 - 2)。实验是一个师生互动的过程,从易到难,分为多个环节。

(1)地图创建网页讲解和网站构建。教师打开地图创建示例网页,查看网页源代码,向学生讲解 HTML 网页的基本结构,让学生了解文档对象模型的基本结构，包括 head、body、div 等页面元素，其中 div 是显示地图的元素；了解 CSS 和 Java script 脚本的引入方式；了解 Java Script 脚本的嵌入方式，展示高德地图如何通过一行简单的脚本就打开了地图。然后和学生一起，在 vs2010 里面新建一个空网站，网站里面添加一个 HTML 页面，再用示例网页源代码替换这个页面的代码，就可以调试运行这个页面了。需要提醒学生注意的是，浏览器最好用 Internet Explorer（IE），设为默认浏览器，且 IE 初次运行的时候，会提醒是否启用 Intranet 设置，此时应选"是"。

(2) POI 数据保存。选择"根据搜索结果添加 marker"示例界面讲解 POI 数据存储，该网页使用关键字"东方明珠"进行搜索，得到了一些 POI，然后将 POI 作为 marker 添加到网页上。首先继续讲解 HTML 页面元素，讲解 CSS 的嵌入方式和 Java Script 脚本访问 POI 对象的属性数据，重点讲解 Place Search 插件的 Search 方法和回调函数实现方式。然后，简单介绍一下 Access 数据库，带领同学一起在 Access 里面创建保存 POI 数据的数据库表，先创建一个表，进入表的设计视图，创建与 POI 属性对应的字段，字段类型都设为短文本类型（共建了 5 个字段，其中一个是自动编号的 id，其他 4 个字段分别是 POI 的名称，编号、经度、纬度），保存为 Access 2003 类型数据库。然后，带领同学修改范例网页代码，加入保存数据的函数和调用函数的代码，该代码放在回调函数里面添加 POI 为 marker 代码的前后，因为这个位置正在访问各个 POI 的详细数据。最后，修改保存函数里面 Access 数据库的路径，调试运行改后的网页，如果运行正常，就可以实现 POI 数据保存；如果出错，则设置断点，查看构建的 SQL 语句是否严格符合新建的数据库，或排查其他错误。

(3) 在地图上绘制点线面等覆盖物。选择"鼠标工具-绘制覆盖物"示例网页讲解高德地图下面点、线、多边形等图形的绘制，该网页调用了 MouseTool 工具，实现画点、画折线、画多边形、画矩形、画圆等功能。MouseTool 非常优秀，将复杂的鼠标响应处理过程封装起来，用户只需要简单的常规点击操作即可以画出折线、多边形、圆等图形，而且开放接口。用户可以在其事件 draw 响应函数里面获取刚刚绘制的地物，然后调用 Place Search 对象的 Search Nearby 或 Search In Bounds 方法进行搜索，并结合"根据搜索结果添加 marker"示例网页里面的 Java Script 代码，将搜索到的 POI 添加到地图上。

(4) POI 数据采集页面设计。按照实验的要求，集成前面三步里面示例网页的功能，以及"输入提示后查询"示例网页功能，设计了空间数据采集网页（图9-3-2）。网页以绘制覆盖物网页为基础，将原来的点、线、多边形等图形绘制功能改为周边搜索、线搜索等对应的功能；并用输入关键字提示查询面板替换了原来的覆盖物绘制帮助面板（具体实现方法为替换对应的 div），同时在地图左上区域增加了地图导航工具栏。

(5) 各个搜索功能实现方法。第一步，检查 HTML 页面布局正确，是否已经使用"输入提示后查询"网页里面的"myPageTop" div 元素区域替换了"鼠标工

具 – 绘制覆盖物"页面里面的"info"div。第二步，对比各个范例网页所有引入的 CSS，将他们都引入到设计网页里面，注意不要重复引入。第三步，检查高德地图插件的引入情况，应该引入 Autocomplete、Place Search、Mouse Tool 3 个插件，且可能有顺序要求。第四步，将输入提示后查询里面的关键字查询的 JS 代码集成进来，具体代码位置为源网页的第 29 ~ 45 行，将这些代码拷贝到第 66 行后面（创建地图的代码后面），再对代码进行修改，将"placeSearch. search(e. poi. name);"修改为"keyPlaceSearch. search(e. poi. name, function(status, result) { search_ Callback (status, result);});"，即加入了回调函数 search_ Callback，对搜索返回的消息进行响应。在该函数里面，首先对返回状态进行判断，如果搜索到 poi，就对结果集 result 进行解析，将各个 POI 添加到地图上，并将它们的属性数据保存到 Access 数据库里面，如第二步所示。第五步，在监听 draw 事件代码"mouseTool. on('draw', function(e)"里面，使用 Switch 语句，判断 e. obj. CLASS_ NAME，根据 AMap. Marker、AMap. Polyline、AMap. Polygon、AMap. Circle 的不同，分别编写 PointSearch、PolygonSearch、CircleSearch 函数，在其中使用"var placeSearch = new AMap. PlaceSearch({ city:'020'});"语句分别新建 PlaceSearch 对象，调用 SearchNearBy 等方法进行 POI 搜索，并将结果保存到数据库里面。需要指出的是，高德地图没有线搜索，所以可以获取其 Bounds，再使用 Search In Bounds 方法进行搜索；而对于圆搜索，可以获取其中心点和半径，然后调用 Search NearBy 方法搜索。最后将网页右下角控制面板的文字"画点"等分别改为"周边搜索"等文字，整个实验就完成了（图 9 – 3 – 2）。

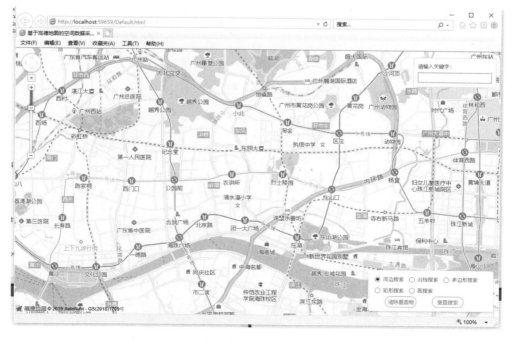

图 9 – 3 – 2　基于高德地图的空间数据采集网页

在实验中,如果对某个对象的类型或详细信息不清楚,可以在对象获取处设置断点,调试运行到该处,就可以查看对象的详细信息,特别是 e.obj 的 CLASS_NAME,因为其是动态绑定的,运行后才知道画的覆盖物类型。另外,功能要逐个调试实现,不要所有代码写完后再调试,那样会发现代码成了一锅粥,可能 bug 极多,又无从调试排除。

思考和实验:

(1) 什么是服务式 GIS,什么是 Web GIS,他们有什么关系?

(2) 高德地图是服务式 GIS 吗?能否利用高德地图进行二次开发?

(3) 如何使用高德地图 JS API 进行二次开发?

第十章 大数据 GIS

第一节 大数据时代

近几年,"大数据(big data)"一词越来越多地被提及,人们用它来描述和定义信息爆炸时代产生的海量数据,并命名与之相关的技术发展与创新。最早提出大数据时代到来的是全球知名咨询公司麦肯锡,发布了一份报告:《大数据:创新、竞争和生产力的下一个新领域》。报告指出,大数据已经渗透当今每一个行业和业务职能领域,成为重要的生产因素。人们对于海量数据的挖掘和运用,预示着新一波生产率增长和消费者盈余浪潮的到来。报告还提到,"大数据"源于数据生产和收集的能力及速度的大幅提升——由于越来越多的人、设备和传感器通过数字网络连接起来,产生、传送、分享和访问数据的能力也得到彻底变革。绝大多数大数据,都需要而且可以与地理时空数据融合,而基于位置的地理大数据近几年也呈爆发式的增长。如,Facebook 每天会生成 300 TB 以上与位置相关的日志数据;Twitter 的 63261 个用户 30 天可以产生约 1500 万条位置签到记录;淘宝网每天交易数千万笔,约 20 TB 数据,均含有物流位置信息;广州每日新增城市交通运营数据记录达 12 亿条以上,数据量达到 150 ~ 300 GB;上海平安城市监控摄像头超过 160 万只,每天产生的位置监控数据达 PB 级;等等。特别是随着移动互联网的普及,越来越多的用户在不停地"众筹"数据,例如,手机信令数据、社交媒体数据、商品交易数据等。各个企事业单位也都在试图从"数据海洋"中挖掘出"数据宝藏"以能够更好地为企事业的发展提供指导和决策,更好地适应未来的发展趋势。

大数据已成为国策。2014 年,大数据首次被写入《政府工作报告》以下简称《报告》。《报告》指出,要设立新兴产业创业创新平台,在大数据等方面赶超先进,引领未来产业发展。2015 年 9 月,国务院正式印发《促进大数据发展行动纲要》,全面推进我国大数据发展和应用,加快建设数据强国。2016 年国务院印发《"十三五"国家信息化规划》,将大数据列为国家重点的发展工程和任务。2017 年 1 月,工信部印发《大数据产业发展规划(2016—2020 年)》,全面部署"十三五"时期大数据产业发展工作,加快建设数据强国,为实现制造强国和网络强国提供强大的产业支撑。

大数据是传统产业转型升级的重要驱动力。大数据与传统行业的融合，以及在业务、生产、管理、商业模式等各环节的创新，是大数据与传统产业协同发展的关键。如何应用大数据，成为大数据时代赢得竞争的关键。空间信息是大数据的重要分支，无论是出行大数据、医疗大数据、商业大数据，都或多或少地带有空间信息属性。空间大数据作为大数据产业的重要支撑，其发展趋势成为专家学者们争相讨论的焦点。

国家测绘地理信息局副局长李朋德阐述了空间大数据创新发展的新思路：把"一带一路"沿线和区域的大坐标关联起来，形成基础地理数据和系列的地图成果，用于规划、建设、感知，借助互联网时代的物联网、云计算和大数据技术，时空数据在数字空间串接起来，形成物理世界的虚拟再现，支持混合现实的智能化管理，为地理信息产业发展提供全新的渠道和原动力。知卓集团创始人陶闯在《2017 中国空间大数据产业趋势》报告中指出：物联网、云计算、大数据、人工智能的迅速发展，正在催生一个庞大的空间大数据产业链。他认为，空间大数据是全球政府管理和经济发展的基础设施，随着产业的迅速发展，空间大数据将会在社会经济的各个领域发挥不可替代的重要作用，尤其是在智慧城市和智慧汽车领域。

第二节　大数据问题和挑战

大数据最基本的特征之一就是数据量巨大，以 GIS 空间大数据为例，面临着不断累积的数据存量和仍然不断增加的数据增量，用户面临的数据量已经从 GB 级、TB 级向 PB 级发展，但是仍然有大量的用户通过集中的关系型数据库进行存储，面临逐步增加的数据容量，集中式存储模式已经无法承载如此大的数据量，同时也无法为计算分析提供高效的存储保障。

越来越多的用户不仅需要接入传统测绘数据类型，如矢量数据和影像数据，还需要接入新型测绘数据类型如倾斜摄影模型、BIM、激光点云等，同时还需要接入带有地理位置的 IT 大数据，系统接入的数据类别也越来越多，越来越繁杂。前两种数据类型还有相对比较规范的数据标准，而 IT 大数据还处于模态多样、杂乱无章、标准不统一、时空尺度不统一、精度不统一等的阶段，如何梳理成可信数据也成为一大挑战。

如今人们无时无刻不在制造数据，数据也在实时发生变化，用户也更愿意第一时间获取数据并使其产生价值。以前传统 GIS 处理的是静态数据，现在的数据已经 98% 是动态的，只有 2% 是静态的，与以前相比是倒过来的。现在主要的数据是动态数据，少量的是静态数据。龚建雅院士也提出了"实时 GIS 是未来的发展趋势，在统一的空间大数据框架下，基于传感网的实时动态 GIS 可以实时管理与分析城市内部的人流、物流和事件流，因而能够在智慧城市中发挥重要作用"，如何能够接入多源的传感设备,快速高效处理实时数据,同时动态实现实时数据的可视化展示也是 GIS 要面临的一大挑战。

当然更大的挑战就是如何从空间大数据中通过 GIS 技术去实现数据挖掘,通过 GIS 的空间分析、空间查询和空间可视化等技术优势为用户提供指导和决策。这就需要 GIS 具有大数据的相关技术支持。在主流的 IT 技术体系下,已经有相对成熟完善的大数据技术支持,从各种各样类型的大数据中,快速获得有价值信息的技术能力,包括数据采集、存储、管理、分析挖掘、可视化等技术及其集成。适用于大数据的技术,包括大规模并行处理(MPP)数据库、数据挖掘、分布式文件系统、分布式数据库、分布式存储以及云计算平台等。这就需要传统 GIS 基础软件在空间数据的各个环节去扩展、升级、优化其大数据的处理能力,为空间大数据的挖掘提供平台支持。

现有地理空间大数据价值还没有充分发挥出来,深度挖掘地理空间大数据价值仍在路上,大数据本身不等于价值,它是"贫矿",只有挖掘出它的价值,才是"金子"。所以,GIS 技术并不仅仅要解决与空间大数据技术的融合,更重要的是如何能够通过 GIS 大数据技术为各个行业的相关业务提供多元思维、多元决策,为行业能够迎合新技术的冲击、新技术助力行业发展提供坚实的技术基础。

第三节　大数据存储

数据存储主要涉及所有的空间数据格式以及大数据技术体系中常用的数据存储技术,如 Oracle、HDFS、MongoDB 集群等,它们既可以利用存储的数据进行数据分析,也可以用于存储分析产生的中间数据和最终成果数据。在空间大数据时代,GIS 平台不仅需要接入传统测绘所支持的数据如矢量数据和影像数据,也需要接入新型测绘数据如倾斜摄影模型、BIM 模型等相关数据。特别是随着移动互联网的高速发展,产生了大量的手机信息数据、移动社交数据、导航终端数据等,这些数据 80% 都包含地理位置,而且类别繁杂且数据变化越来越快,这就需要对传统空间数据引擎进行扩展,也需要通过实现对分布式文件系统、分布式数据库的支持来提升对空间大数据的存储和管理能力。

传统关系型数据库一直都是 GIS 应用的首选,它的概念易于理解、使用比较方便,同时便于维护。但是,随着数据量的不断增加,关系型数据库很难应对单表亿级以上记录的查询和分析,而随着用户并发持续递增,硬盘读写也会成为一个瓶颈,且无法很好地解决流数据的处理需求,特别是在扩展性和高可用性方面能力也比较弱,成本又相对较高。基于以上分析,关系型数据库已经很难满足空间大数据的存储需求。分布式数据库的分布式技术架构可以很好地解决上述问题。它可以实现横向扩展(scale-out),通过集群的分布式处理方式对大数据量进行如水平拆分

（将数据均匀分布到多个数据库节点中）的操作，这样相比较每个数据库节点的数据量会变小，相关的存储管理性能也自然提升。此外，主流的分布式数据库的分布式能力对用户透明，而且无缝顺应用户的 SQL 操作习惯，让用户在使用和管理上更加简单、便捷。

如今在空间大数据存储方面，业界主要利用以下技术：①基于 Hadoop 的 HDFS 实现非结构化数据存储；②通过对 Postgres-XL 分布式数据库的支持对海量空间大数据提供存储管理；③通过对 MongoDB 分布式数据库的支持对海量二维或者三维瓦片数据提供存储管理；④通过对 Elasticsearch 分布式数据库的支持对流数据提供存储管理等；基于分布式架构的 HBase 是分布式空间数据存储和管理的首选。

第四节　大数据计算

空间大数据分析计算技术的核心是对传统地理空间分析算子扩展其分布式计算处理能力，也就是希望通过业界主流的分布式计算框架与 GIS 平台基础内核实现深度融合。目前，主流大数据计算框架以 Hadoop 的 MapReduce 和 Spark 为主。

1. MapReduce

MapReduce 最早是由 Google 公司研究提出的一种面向大规模数据处理的并行计算模型和方法（图 10-4-1）。基于该框架用户能够容易地编写应用程序，而且程序能够运行在由上千个商用机器组成的大集群上，并以一种可靠的、具有容错能力的方式并行处理 TB 级的海量数据集。可以说，MapReduce 是第一代大数据处理框架，也在大数据应用的初期应用在很多生产环境中。

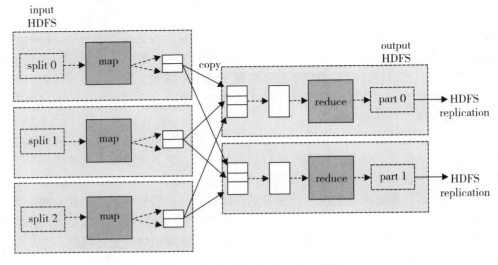

图 10-4-1　MapReduce 计算模型

MapReduce 是 Hadoop 生态体系的一部分。它极大地方便了编程人员在不会分布式并行编程的情况下，将自己的程序运行在分布式系统上。当前的软件实现是指定一个 Map（映射）函数，用来把一组键值对映射成一组新的键值对，指定并发的 Reduce（归约）函数，用来保证所有映射的键值对中的每一个共享相同的键组。

MapReduce 计算模型主要由三个阶段构成：Map、Shuffle、Reduce。

Map 是映射，负责数据的过滤分法，将原始数据转化为键值对；Reduce 是合并，将具有相同 Key 值的 Value 进行处理后再输出新的键值对作为最终结果。为了让 Reduce 可以并行处理 Map 的结果，必须对 Map 的输出进行一定的排序与分割，然后再交给对应的 Reduce，而这个将 Map 输出进行进一步整理并交给 Reduce 的过程就是 Shuffle。

2. Spark

Apache Spark 是专为大规模数据处理而设计的快速通用的计算引擎。Spark 是 UC Berkeley AMP Lab（加州大学伯克利分校的 AMP 实验室）所开源的类 Hadoop-MapReduce 的通用并行框架。Spark 拥有 Hadoop MapReduce 所具有的优点；但不同于 MapReduce 的是 Job 中间输出结果可以保存在内存中，从而不再需要读写 HDFS，因此 Spark 能更好地适用于数据挖掘与机器学习等需要迭代的 MapReduce 的算法。

整个 Spark 集群中，分为 Master 节点与 Worker 节点。在 Spark 计算框架中，提交一个 Spark 任务之后，这个任务就会启动一个对应的 Driver 进程。而 Driver 进程会向资源管理集群，申请运行 Spark 作业需要使用的资源，这里的资源指的就是 Executor 进程（图 10-4-2）。

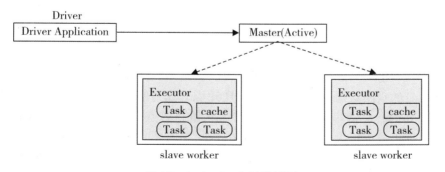

图 10-4-2 Spark 计算模型

在申请到任务执行所需的资源之后，Driver 进程就会开始调度和执行代码。Driver 进程会将 Spark 任务代码拆分为多个 stage，每个 stage 执行一部分代码片段，并为每个 stage 创建一批 Task，然后将 Task 分配到各个 Executor 进程中执行。一个 stage 的所有 Task 都执行完毕之后，会在各个节点本地的磁盘文件中写入计算中间结果，然后 Driver 就会调度运行下一个 stage。下一个 stage 的 Task 输入数据就是上一个 stage 输出的中间结果。如此循环往复，直到将代码全部执行完，并且计算完所有的数据。

Spark 汲取了 MapReduce 的经验教训，充分利用内存，避免反复无效的磁盘 I/O 写入与读取，大大提高程序运行效率；设计 RDD（分布式弹性数据集）作为数据抽象层，把操作分为变换（transformation）和行动（action）两种类型，并分别提供丰富的具体算子，使得应用逻辑无需再纠结于底层逻辑，大大降低开发难度；以及提供诸如 Spark Streaming、SparkSQL、MLlib 等多个扩展库，分别满足实时流计算、SQL 查询和机器学习能方面的需要（图 10 - 4 - 3）。

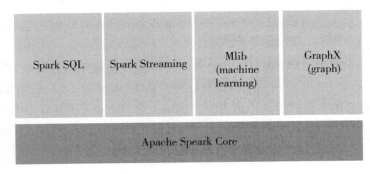

图 10 - 4 - 3　Spark 扩展库

毫无疑问，Spark 计算框架的优势让其成为主流的 GIS 平台的不二之选。Spark 结合了 MapReduce 的优势也解决并弥补了 MapReduce 的诸多不足，产生了一个简洁、灵活、高效的大数据分布式处理框架。它可以很好地满足具有数据类型多样、来源广泛、复杂计算较多等特点的空间数据的计算分析，特别是可以更好地支持实时流计算。

3. 流数据处理

云计算、物联网以及移动互联网的普及和推广，促使了海量空间数据的产生。如何从海量的空间数据中快速挖掘和发现知识，成为研究者和企业的重要关注点。在 Web 2.0 时代，众多应用会实时地产生大量包含空间位置的数据流，新型流式数据的处理也成为很大的挑战。这种新的空间数据呈现形式导致在处理过程中必须要面临几个大的问题：数据仅能访问一次、计算资源有限、处理的近实时性。因此，在对大量流式数据进行数据挖掘处理时，如何利用有限的计算资源对实时的数据流信息进行快速处理是一个很大的挑战和难点。

由于产生的设备众多，数据传输协议也丰富多样，同时实时数据处理还需要支持两种应用场景：第一种需要支持实时数据的接收并直接转发，保证多终端空间数据的实时性；第二种需要支持数据的高效低延迟的实时数据处理，例如，属性或者空间过滤、地理围栏以及数值比较等。当然用户也需要对实时数据进行统一存储管理，实现历史存档分析等数据挖掘能力支持。这就需要对流数据处理从输入、输出的多样支持,到核心处理的高效稳定,以及实时数据类型的高效存储提供技术支持。

主流的空间数据流处理都采用 Spark Streaming 作为首选技术方案,Spark Streaming 是构建 Spark 的流计算框架,扩展了 Spark 流式大数据处理能力,可以实现高吞吐量的、具备容错机制的流数据处理,也适合流数据与历史存档数据混合处理的场景。Spark Streaming 包含流处理主程序(Spark Driver),支持从多种数据源获取数据,包括 Kafka、Flume、ZeroMQ 以及 TCP sockets。从数据源获取数据之后,可以使用诸如 map、reduce、join 等高级函数进行复杂算法的处理。最后还可以将处理结果存储到分布式文件系统、数据库和现场仪表盘。GIS 基础软件可以基于 Spark Streaming 的基础能力实现扩展,扩展实时 GIS 需要的接收和输出支持文件、传输协议和支持类型,同时可以实例化扩展更多的关于空间数据的过滤、转换等相关能力(图 10-4-4)。

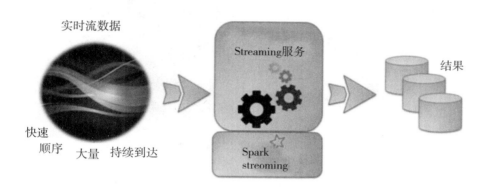

图 10-4-4 Spark 实时计算模型

第五节 大数据可视化

基于传统的显示方式,可视化的性能要依赖的数据库的查询效率、显示硬件的效率等都无法保证空间大数据正常的显示。这种情况下,需要 GIS 软件具备快速查询和栅格化的能力,即在服务端根据浏览的范围和比例尺等信息快速地在大量空间数据中进行查询,并快速地渲染为栅格图片,以 WebGIS 的方式发布并最终呈现给用户。要支持这种能力,就需要基于上节介绍的空间大数据分析处理技术,并行地进行查询和栅格化出图的任务。这基本解决了静态的空间大数据的显示性能问题。

实时动态数据的可视化依靠的是显示端的性能优化方案。在这方面传统的方案都是优化对内存的利用策略来提高显示效率,由于动态显示的对象对内存的消耗较大，所以在资源有限以及保证运动流畅平滑的前提下显示的对象数量往往有所限制。而现在的技术已经可以将实时动态的数据可视化依靠 GPU 强大的图形运算能力来解决。

空间大数据除了显示的性能约束要突破以外，还需要将各种空间大数据统计分析的结果以多种专题图风格进行可视化展示。这既包括传统的单值专题图、范围分段专题图、点密度专题图等类型，也包括结合地统计等分析模型加入的如图 10 – 5 – 1 所示的热力图、迁徙图、流向图、聚类图、麻点图等多种类型的可视化效果。

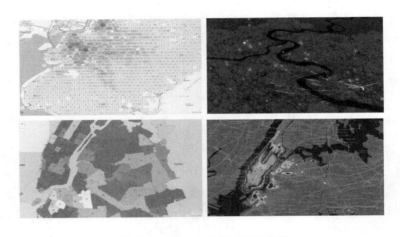

图 10 – 5 – 1　大数据可视化类型

空间大数据可视化在依靠 GIS 基础软件的可视化展现能力的同时，还不断地和更专业的数据可视化技术进行融合，创新更丰富的可视化方式。其中就包括和 Leaflet、OpenLayers、Mapbox GL、3D – WebGL 的结合。

回顾空间大数据的可视化技术发展过程，可以发现在面向大数据量和实时显示的应用领域，GIS 与各种技术不断融合实现技术创新，包括利用分布式集群所提供的更多的资源，发挥 GPU、大内存等单机设备的高效的运算能力，不断突破系统硬件资源的限制来提高空间大数据的可视化性能，同时支撑更加丰富的可视化展现效果，融合更多的可视化手段。

第六节　SuperMap 与大数据

超图软件贯穿空间大数据全过程各个环节实现技术创新，将大数据存储管理、大数据空间分析和大数据流处理等技术与 SuperMapGIS 技术深度融合，全面扩展对大数据的支持能力，形成了全新的空间大数据 GIS 技术体系，体现为如下（图

10-6-1）特点：

（1）通过对分布式文件系统、分布式数据库的扩展支持，实现对空间大数据高效稳定的存储管理能力。

（2）提供了 SuperMap iObjects for Spark 空间大数据组件，从内核扩展了 Spark 空间数据模型，不仅基于分布式计算技术重构了已有的空间分析算法，大幅提升了海量空间数据分析的效率，并且针对大数据研发了一系列新的空间分析算法，可直接嵌入 Spark 内运行，解决了空间大数据分析和应用难题。

（3）SuperMap iServer 提供了全新的空间大数据存储、空间大数据分析、流数据处理等 Web 服务，并内置了 Spark 运行库，降低了大数据环境部署门槛。

（4）提供了表现形式丰富的、二维、三维兼具的各种聚合图、密度图、关系图、热度图等空间大数据可视化技术，突破海量动态目标二维和三维可视化技术，支持 50 万级目标同屏实时动态跟踪及管理。

（5）SuperMap iManager 通过资源智能调配、任务自动化调度、资源监控与预警，轻松实现大数据运维管理。

大数据 GIS 技术着重解决两类问题：新兴的空间大数据的管理和传统（经典）空间数据的计算性能问题。因此，大数据 GIS 技术体系架构就包含两个非常重要的部分。一个是空间大数据技术，专门针对空间大数据的处理和分析挖掘；另一个是经典 GIS 功能的分布式重构，专门针对经典空间数据的管理和处理。

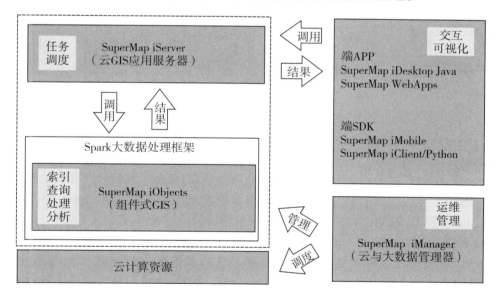

图 10-6-1　SuperMap 大数据技术体系

该技术体系通过从 GIS 内核级别深度结合 IT 的大数据技术，诸如分布式存储技术、分布式计算框架、流数据处理框架等，在 GIS 基础软件中构建针对空间大数据的存储、索引、管理和分析能力，让更多人仅需较少编程甚至不用编程就能管理和分析空间大数据，大幅降低了空间大数据分析的门槛。同时，利用 IT 的分布式存储和分布式计算框架，重构了经典 GIS 的经典空间数据处理和空间分析方法，实现了经典空间数据处理与分析性能的数量级提升。

由于 SuperMap 将 Spark 的集群架构技术融合到 SuperMap iServer 集群架构中，实现了基于 SuperMap iServer 多层次集群的大数据处理能力，同时通过 SuperMap iManager 实现了为上层虚拟 GIS 云主机集群提供智能化的资源管理能力和弹性伸缩能力（图 10-6-2）。

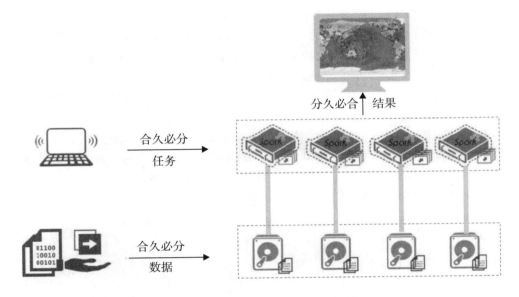

图 10-6-2　SuperMap 大数据集群

用户只需要预先设置 CPU 负载、内存负载、网络负载的相关阈值，便可以实现自动化的弹性伸缩。当前端并发访问或者分布式计算压力超过设置的阈值时，系统会自动增加集群子节点实现负载均衡，这样可以保证整个集群以及相关地图服务的高效稳定运行；反过来，当相关负载小于设置阈值，系统会自动减少一个子节点，将资源归还到整体资源池，真正实现硬件资源的"随机应变"，达到资源的集约化利用。

在 SuperMap 空间大数据技术体系中，空间大数据主要存储在 HDFS、MongoDB、Elasticsearch、HBase 等数据库中。其中，Elasticsearch 引擎实现了对亿级以上流数据的存储支持；HDFS 引擎不仅支持非结构化数据存储，同时也实现了数据模型的空间化能力和空间索引技术，对十亿级矢量静态数据提供了非常卓越的支持能力。MongoDB 引擎实现了对栅格瓦片、矢量瓦片和三维瓦片的存储支持；HBase 引擎具有高性能、可弹性伸缩及分布式特性，支持 PB 级大数据存储，同时满足千万级并发（图 10-6-3）。

在 SuperMap GIS 中，为用户提供了四大类共 13 种常见的空间分析算子，帮助用户从空间上、时间上、属性上多个维度了解和认知大数据，同时提供更加强劲的分析性能挖掘更多有价值的信息。

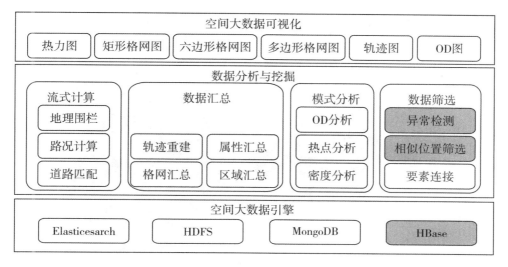

图 10 - 6 - 3　SuperMap 大数据功能

另外，SuperMap GIS 为大数据分析服务结果提供多种多样的可视化效果，如分段专题图和标签专题图，使分析结果更直观、更美观，包括热力图、矩形格网图、六边形格网图、多边形格网图、轨迹图和 OD 图等。

第七节　ArcGIS 与大数据

ArcGIS 10.6 为用户提供了阵容强大的矢量大数据 GeoAnalytics Server、栅格大数据分析 Image Server（Raster Analysis）产品。矢量大数据分析方面，提供了多达 14 种实用性强的分析工具，通过 ArcGIS Pro、Portal for ArcGIS、Python API 等丰富的终端拿来即用，且支持广泛的数据源接入，除了 HDFS、Hive 等常规的大数据来源之外，GeoAnalytics Server 10.6 还新增对亚马逊 S3 云存储、ORC 文件和 Parquet 等新型数据源的支持。Esri 将 Spark、Zookeeper、RabbitMQ 等开源大数据产品直接封装在 ArcGIS Geoanalytics Server 中，通过安装 ArcGIS Geoanalytics Server 产品就可以将分布式的计算环境搭建起来。用户无需了解艰涩的大数据技术，即可快速上手进行空间大数据分析计算。

栅格大数据方面，Image Server（Raster Analysis）10.6 中新增 11 个栅格大数据分析工具，同时可基于百余种栅格函数实现大数据工具的自定义扩展，自定义大数据工具可在桌面端和 Web 端灵活调用，极大地提高了栅格大数据工具的扩展性。ArcGIS 10.6 提供了更加完整的影像功能，扩展 WorldView – 4 等更多主流数据源类型；推出全新的立体视图模式，可以实现对立体像对的可视化展示及 3D 特征提取；同时拥抱前沿技术，集成深度学习，用以提高高分辨率图像分类精度及计算效率。持续发力的 ArcGIS 影像必将引领的影像应用新潮流（图 10 – 7 – 1）。

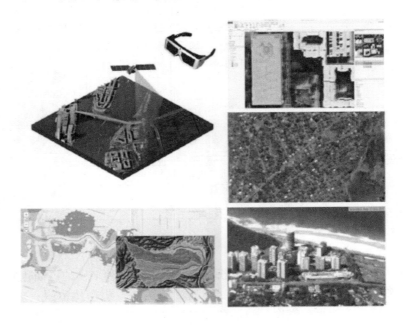

图 10 – 7 – 1　ArcGIS 栅格大数据分析

实时大数据方面，ArcGIS GeoEvent Server 10.6 提供了更加完整的物联网（IoT）实时数据接入方案，新增与物联网云平台 Amazon IoT、Azure IoT 等的对接，实时分析结果也可输出到 Amazon IoT 和 Azure IoT 中（图 10 – 7 – 2）。同时，GeoEvent Server 的弹性、稳定性和性能均全面提升，采用了全新的集群架构，内置了 Kafka 作为集群调度，使得实时大数据接入性能再上新台阶；在实时大数据可视化方面提供了更丰富的表达效果，如支持输出 3D 要素和实时时空立方体等，使得 ArcGIS 的实时大数据解决方案更加完善。

1. GeoAnalytics Server

ArcGISGeoAnalytics Server 是 ArcGIS 10.5 推出的一款用于矢量大数据分析处理的服务器产品，其利用分布式计算和存储来处理带有时间和空间属性的大规模矢量或者表格数据。对于亿万级别数据量的空间分析，原来需要几天、几周的时间才能处理完成，现在分钟级即可实现，大大提升了庞大空间数据分析处理的效率。

ArcGISGeoAnalytics Server 是 ArcGIS Enterprise（组织机构内部搭建 Web GIS 平台）的可选服务器产品。在已经具备 ArcGIS Enterprise 基础部署的基础上，安装并

第十章　大数据GIS

图 10 - 7 - 2　ArcGIS 实时大数据分析

授权 ArcGIS GeoAnalytics Server 可以为平台带来矢量大数据分析能力。

GeoAnalytics Server 架构上可以分为 3 层：数据层、服务器层和客户端（图 10 - 7 - 3）。

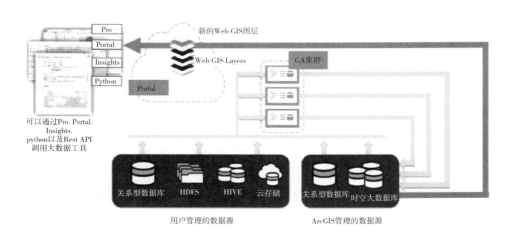

图 10 - 7 - 3　ArcGIS 矢量大数据分析

数据层：ArcGIS GeoAnalytics Server 支持多种来源的大数据，如文件型、云存储、HDFS 或者 Hive 数据仓库。数据存储支持时空大数据库或关系型数据库。

服务器层：多个节点的 ArcGIS GeoAnalytics Server 集群。ArcGIS GeoAnalytics Server 封装了 Spark 分布式计算框架，一旦接到任务请求，会将任务进行分解并根据当前资源情况将计算任务分配到 GeoAnalytics 集群中不同的节点，多节点同时进行计算（图 10 - 7 - 4）。

客户端：客户端发送任务请求，并对结果服务进行加载和渲染。目前集成大数

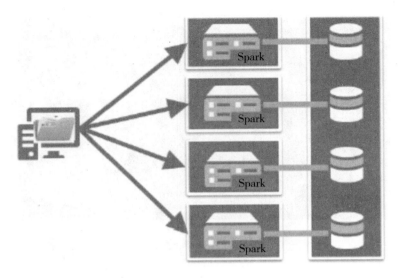

图 10-7-4 ArcGIS 与 Spark

据分析能力的客户端包括 ArcGIS Pro、Portal for ArcGIS（Map Viewer）、ArcGIS Python API 等。其中，计算后的结果数据通过 Portal 发布为服务作为一个新的图层加载。

ArcGIS GeoAnalytics Server 不能独立部署，必须具备 ArcGIS Enterprise 基础部署。ArcGIS Enterprise 基础部署可根据需求可以进行单机部署、分布式部署以及高可用部署。在此基础之上，再联合专用于大数据分析的 ArcGIS GeoAnalytics Server 集群。

2. Image Server

ArcGIS Image Server 是 ArcGIS 平台实现大规模影像管理、共享与应用的服务器产品，支持基于 ArcGIS 镶嵌数据集的影像发布能力，支持基于 Web 端的实时动态处理与分布式的栅格大数据分析，可广泛应用于数据提供商、测绘、国土、统计、制图等单位。

ArcGIS Image Server 主要提供动态影像服务和分布式的栅格大数据分析（RasterAnalytics）两大核心能力。它们在数据层及服务器层上略有差异。

影像服务为 Web 应用程序提供影像数据和功能的访问能力。来自卫星、航空、无人机拍摄的原始影像以及多源栅格产品如镶嵌正射成果、数字高程模型、激光雷达数据、科学数据集、分类数据等可以通过动态影像服务的形式进行发布，提供高质量的在线底图、快速的查询检索、可控的原始数据下载、高效的实时动态分析等（图 10-7-5）。

ArcGIS 10.5 创新地在 ArcGIS Image Server 中提供了分布式的栅格大数据分析能力，可以从大规模的卫星、航空影像数据中快速提取有价值的信息。灵活的分析模型扩展、分布式存储与计算，可伸缩可扩展的一体化平台，极大地缩短了大规模

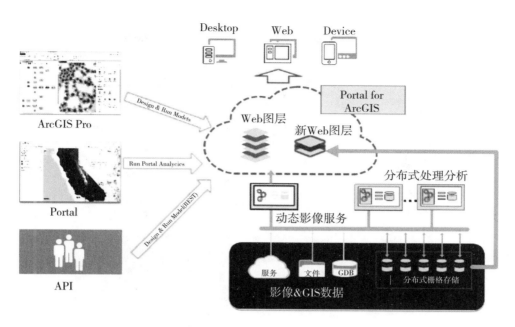

图 10-7-5　ArcGIS 动态影像服务

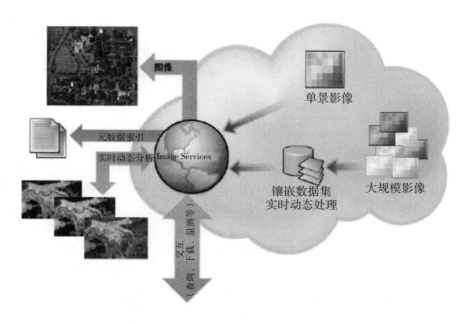

图 10-7-6　ArcGIS Image Service 结构

影像处理时间，促进多源数据的高效应用与信息挖掘（图 10-7-6）。

ArcGIS Image Server 提供在线的实时处理分析能力，包括匀色、增强、锐化、滤波及更多处理与分析功能，可基于原始影像获得多种有价值的信息产品，在提供增值服务的同时,减少庞大的数据冗余(图 10 – 7 – 7)。

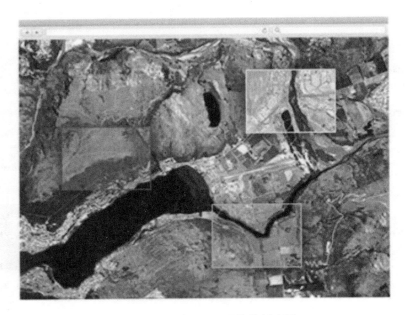

图 10 – 7 – 7　ArcGIS 图像分析功能

针对海量大规模影像,可以基于云区域范围、采集时间、分辨率等多种属性进行综合排序,在不改变任何原始数据的基础上,获得最优的动态镶嵌效果(图 10 – 7 – 8)。

图 10 – 7 – 8　ArcGIS 影像动态镶嵌

3. GeoEvent Server

ArcGIS GeoEvent Server 是 ArcGIS 平台提供的一种高效、实用的实时数据处理服务器，是 ArcGIS Enterprise 中可选的服务器产品之一，它可以对接物联网中各种类型的传感器，并对接入的实时数据进行高效处理和分析，原始数据流或者处理结果输出到 ArcGIS 平台或者其他的平台中；同时，基于 ArcGIS 平台全新的数据存储组件，ArcGIS GeoEvent Server 支持实时数据的高效存储和查询；基于 ArcGIS 平台，可以实现实时数据的高效可视化和实时历史数据的挖掘（图 10 - 7 - 9、图 10 - 7 - 10）。

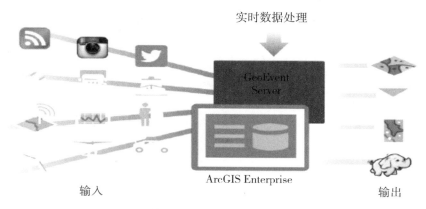

图 10 - 7 - 9　ArcGIS

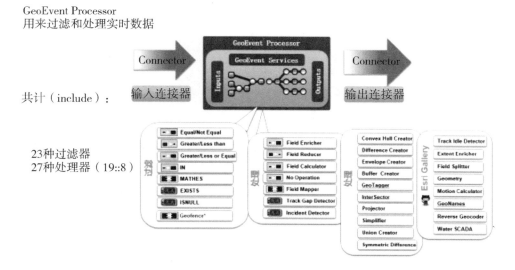

图 10 - 7 - 10　ArcGIS 实时数据处理算子

ArcGIS GeoEvent Server 由三个部分组成，分别为输入连接器、处理器和输出连接器。顾名思义，输入连接器实现实时数据源接入，处理器对实时数据流进行处理，处理器中提供了 GeoEvent 服务来管理整个数据处理流程，处理的结果经过输出连接器输出到 ArcGIS 平台或其他平台中。

ArcGIS GeoEvent Server 提供了 SDK，可以基于 JAVA 对 ArcGISGeoEvent Server 的 3 个组成部分进行全方位的扩展开发，满足用户的业务定制需求。

思考和实验：

（1）大数据管理和分析有哪些开源框架，请尝试实现其中一种？

（2）ArcGIS 大数据处理框架是什么？

（3）SuperMap 大数据处理框架是什么？

参 考 文 献

［1］ CHANG K T. 地理信息系统导论［M］. 陈健飞，胡嘉骢，陈颖彪，译. 北京：科学出版社，2019.

［2］ WILPEN L G，KRISTEN S K. ArcGIS 10 地理信息系统实习教程［M］. 朱秀芳，译. 北京：高等教育出版社，2017.

［3］ 艾廷华，郭仁忠. 基于格式塔识别原则挖掘空间分布模式［J］. 测绘学报，2007（3）：62－68.

［4］ 艾廷华，祝国瑞，张根寿. 基于 Delaunay 三角网模型的等高线地形特征提取及谷地树结构化组织［J］. 遥感学报，2003，7（4）：291－298.

［5］ 艾廷华. 基于 Delaunay 三角网的空间场表达［J］. 测绘学报，2006（1）：71－76.

［6］ 艾廷华. 基于空间映射观念的地图综合概念模式［J］. 测绘学报，2003（1）：87－92.

［7］ 毕天平. ArcGIS 地理信息系统实验教程［M］. 北京：中国电力出版社，2017.

［8］ 边馥苓. 地理信息系统原理与方法［M］. 北京：测绘出版社，2004.

［9］ 曹志月，刘岳. 一种面向对象的时空数据模型［J］. 测绘学报，2002，31：87－92.

［10］ 晁怡，郑贵洲. ArcGIS 地理信息系统分析与应用［M］. 北京：电子工业出版社，2018.

［11］ 陈述彭，等. 地理信息系统导论［M］. 北京：科学出版社，2001.

［12］ 陈述彭，鲁学军. 周成虎地理信息系统导论［M］. 北京：科学出版社，2000.

［13］ 陈正江，等. 地理信息系统设计与开发［M］. 北京：科学出版社，2005.

［14］ 崔铁军，等. 地理信息系统应用概论［M］. 北京：中国电力出版社，2017.

［15］ 邓敏. 空间关系理论与方法［M］. 北京：科学出版社，2013.

［16］ 邸凯昌. 空间数据发掘与知识发现［M］. 武汉：武汉大学出版社，2001.

［17］ 丁志雄，李纪人，李琳. 基于 GIS 格网模型的洪水淹没分析方法水利学

报，2004（6）：56-60.

[18] 杜世宏，王桥，秦其明. 空间关系模糊描述与组合推理［M］. 北京：科学出版社，2007.

[19] 傅伯杰，等. 景观生态学原理及应用［M］. 北京：科学出版社，2002.

[20] 傅肃性. 遥感专题分析与地学图谱［M］. 北京：科学出版社，2002.

[21] 高松峰，刘贵明. 地理信息系统原理及应用［M］. 北京：科学出版社，2017.

[22] 龚健雅. GIS中面向对象时空数据模型［J］. 测绘学报，1997，26（4）：289-297.

[23] 郭利华，龙毅. 基于DEM的洪水淹没分析［J］. 测绘通报，2002（11）：25-27.

[24] 郭仁忠. 空间分析［M］. 北京：高等教育出版社，2001.

[25] 何建华，刘耀林，俞艳. 不确定拓扑关系模糊推理［J］. 测绘科学，2008，33（2）：107-109.

[26] 胡涛. 地理信息系统技术及应用研究［M］. 北京：中国水利水电出版社，2018.

[27] 黄培之. 提取山脊线和山谷线的一种新方法［J］. 武汉大学学报（信息科学版），2001，26（3）：247-252.

[28] 黄杏元，等. 地理信息系统概论［M］. 北京：高等教育出版社，2001.

[29] 黄杏元，马劲松. 地理信息系统概论［M］. 3版. 北京：高等教育出版社，2008.

[30] 季青，余明. 基于协同克里格插值法的年均温空间插值的参数选择研究［J］. 首都师范学报，2010，31（4）：81-86.

[31] 江斌，等. GIS环境下的空间分析和地学视觉化［M］. 北京：高等教育出版社，2002.

[32] 蒋捷，韩刚，陈军. 导航地理数据库［M］. 北京：科学出版社，2003.

[33] 靖常峰. 地理信息系统原理与应用［M］. 北京：科学出版社，2018.

[34] 柯丽娜，刘登忠，刘海军. 基于特征的时空数据模型用于地籍变更的探讨［J］. 测绘科学，2003，28（4）：58-61.

[35] 李厚强，刘政凯，林峰. 基于分形理论的航空图像分类方法［J］. 遥感学报，2001，5（5）：353-357.

[36] 李进强. 地理信息系统开发与编程实验教程［M］. 武汉：武汉大学出版社，2018.

[37] 李满春，任建武，陈刚，等. GIS设计与实现［M］. 北京：科学出版社，2003.

[38] 李清泉，杨必胜，史文中，等. 三维空间数据的实时获取、建模与可视化［M］. 武汉：武汉大学出版社，2003：5-55.

[39] 李如仁，李玲，刘正纲. 公众参与式地理信息系统的理论与实践 [M]. 武汉：武汉大学出版社，2017.

[40] 李天文，刘学军，陈正江，等. 规则格网DEM坡度坡向算法的比较分析 [J]. 干旱区地理，2004，27（3）：398-404.

[41] 李文正. 电子政务与城市应急管理 [M]. 北京：中国水利水电出版社，2008.

[42] 李响. 地理信息系统底层开发教程 [M]. 北京：科学出版社，2016.

[43] 李小娟，尹连旺，崔伟宏. 土地利用动态监测中的时空数据模型研究 [J]. 遥感学报，2002，6（S）：370-375.

[44] 李忠娟，马孝义，朱晖，等. GIS环境下基于DEM的水文特征提取 [J]. 人民黄河，2013，35（2）：16-18.

[45] 梁进社. 地理学的十四大原理 [J]. 地理科学，2009，29（3）：307-315.

[46] 廖克. 现代地图学 [M]. 北京：科学出版社，2003.

[47] 廖平. 分割逼近法快速求解点到复杂平面曲线最小距离 [J]. 计算机工程与应用，2007，45（0）：163-164.

[48] 廖平. 基于分割逼近法和遗传算法的复尔平而曲线形状误差计算 [J]. 机械科学与技术，2009（9）：1121-1124.

[49] 林广发. 基于事件的时空数据模型 [J]. 测绘学报，2004，33（3）：282.

[50] 刘纯平，陈宁强，夏德深. 土地利用类型的分数维分析 [J]. 遥感学报，2003，7（2）：136-141.

[51] 刘光. 地理信息系统二次开发教程 [M]. 北京：清华大学出版社，2003.

[52] 刘国祥，丁晓利，陈永奇，等. 极具潜力的空间对地观测技术——合成孔径雷达干涉 [J]. 地球科学进展，2000，15（6）：734-739.

[53] 刘仁义，刘南. 一种基于数字高程模型DEM的淹没区灾害评估方法 [J]. 中国图象图形学报，2001（2）：18.

[54] 刘湘南，黄方，王平. GIS空间分析原理与方法 [M]. 北京：科学出版社，2007.

[55] 刘学军，龚健雅，周启鸣，等. 基于DEM坡度坡向算法精度的分析研究 [J]. 测绘学报，2004，3（3）：258-263.

[56] 柳林，李万武，李喜靖，等. 地理信息系统设计与竞赛教程 [M]. 北京：电子工业出版社，2016.

[57] 柳林，李万武，许传新，等. 海洋地理信息系统分析与实践 [M]. 武汉：武汉大学出版社，2018.

[58] 陆锋，李小娟，周成虎，等. 基于特征的时空数据模型：研究进展与问

题探讨［J］．中国图象图形学报，2001，6（9）：830－835．

［59］闾国年，等．地理信息系统集成原理和方法［M］．北京：科学出版社，2003．

［60］毛锋，程承旗，等．地理信息系统建库技术及其应用［M］．北京：科学出版社，1999．

［61］倪绍祥．地理学综合研究的新进展［J］．地理科学进展，2003，22（4）：335－341．

［62］牛方曲，朱德海，程昌秀．改进基于事件的时空数据模型［J］．地球信息科学，2006，8（3）：104－108．

［63］潘晶，李清泉，李必军．一种利用激光扫描数据进行建筑物重建的方法［J］．武汉大学学报（信息科学版），2003，28（增）：161－163．

［64］潘玉君．地理学元研究：地理学的理论结构［J］．云南师范大学学报，2003，23（2）：49－54．

［65］齐清文．智能化制图综合在 GIS 环境下的实现方法研究［J］．地球科学进展，1998（2）：17．

［66］沈燕．ArcGIS 在 DEM 地形特征点方面的应用［J］．新疆有色金属，2013（3）：37－38．

［67］施加松，刘建忠．3DGIS 技术研究发展综述［J］．测绘科学，2005，30（5）：117－119．

［68］史文中，吴立新，李清泉，等．三维空间信息系统模型与算法［M］．北京：电子工业出版社，2007．

［69］舒红，陈军，杜道生，等．面向对象的时空数据模型［J］．武汉测绘科技大学学报，1997，22（3）：229－233．

［70］宋小冬，钮心毅，等．地理信息系统实习教程［M］．北京：科学出版社，2004．

［71］谭永滨，李霖，王伟，等．本体属性的基础地理信息概念语义相似性计算模型［J］．测绘学报，2013，42（5）：782－789．

［72］汤国安，杨昕．ArcGIS 地理信息系统空间分析实验教程［M］．北京：科学出版社，2012．

［73］汤国安，杨玮莹，杨昕，等．对 DEM 地形定量因子挖掘中若干问题的探讨［J］．测绘科学，2003，28（3）：28－32．

［74］汤志，余明．基于 AreObjects 与 Google Earth 的 GIS 应用系统设计与实现［J］．福建师范大学学报（自然科学版）［J］．2013，29（2）：28－34，35．

［75］田永中，张佳会，余晓君．地理信息系统实验教程［M］．北京：科学出版社，2018．

［76］万洪涛，周成虎，万庆，等．地理信息系统与水文模型集成研究述评［J］．水科学进展，2001，12（4）：560－568．

[77] 王超, 张红, 刘智, 等. 苏州地区地面沉降的星载合成孔径雷达差分干涉测量监测 [J]. 自然科学进展, 2002, 12 (6): 621–624.

[78] 王耀建. 基于 GIS 的水文信息提取——以深圳市光明森林公园水文分析计算为例 [J]. 亚热带水土保持, 2013, 25 (3): 61–62.

[79] 王英杰, 袁勘省, 李天文. 交通 GIS 及其在 ITS 中的应用 [J]. 北京: 中国铁道出版社, 2004.

[80] 王英杰, 等. 多维动态地学可视化 [M]. 北京: 科学出版社, 2003.

[81] 王铮. 计算地理学的发展及其理论地理学意义 [J]. 中国科学院院刊, 2011 (4): 423–429.

[82] 王政权. 地统计学及其在生态学中的应用 [M]. 北京: 科学出版社, 1999.

[83] 王中根, 刘昌明, 吴险峰. 基于 DEM 的分布式水文模型研究综述 [J]. 自然资源学报, 2003, 18 (2): 168–173.

[84] 韦玉春, 等. 地理建模原理与方法 [M]. 北京: 科学出版社, 2005.

[85] 魏国, 姜海, 黄介生, 等. GIS 环境下基于 DEM 的流域分析 [J]. 中国农村水利水电, 2006 (10): 12–16.

[86] 魏文秋, 于建营. 地理信息系统在水文学和水资源管理中的应用 [J]. 水科学进展, 1997 (3): 296–300.

[87] 邬伦, 等. 地理信息系统原理、方法和应用 [M]. 北京: 北京大学出版社, 2003.

[88] 吴立新, 高均海, 葛大庆, 等. 工矿区地表沉陷 D-InSAR 监测试验研究 [J]. 东北大学学报, 2005 (8).

[89] 吴立新, 史文中. 地理信息系统原理与算法 [M]. 北京: 科学出版社, 2003.

[90] 吴信才. 地理信息系统原理与方法 [M]. 北京: 电子工业出版社, 2014.

[91] 吴长彬, 闾国年. 一种改进的基于事件-过程的时态模型研究 [J]. 武汉大学学报 (信息科学版), 2008, 33 (12): 1250–1253, 1277.

[92] 修文群, 李晓明, 张宝运. ArcGIS 云计算: 开发与应用 [M]. 北京: 清华大学出版社, 2015.

[93] 徐建华. 现代地理学中的数学方法 [M]. 北京: 高等教育出版社, 2004.

[94] 徐志红, 边馥苓, 陈江平. 基于事件语义的时态 GIS 模型 [J]. 武汉大学学报 (信息科学版), 2002, 27 (3): 310–313.

[95] 薛伟. MapObjects 地理信息系统程序设计 [M]. 北京: 国防工业出版社, 2004.

[96] 闫浩文, 褚衍东. 多尺度地图空间相似关系基本问题研究 [J]. 地理与

地理信息科学, 2009, 25 (4): 42-45.

[97] 阎磊, 余明. 基于GIS与RS支持下的城市生态景观格局优化研究 [J]. 首都师范学报, 2012, 33 (3): 55-59.

[98] 杨国清, 祝国瑞, 等. 可视化与现代地图学的发展 [J]. 测绘通报, 2004 (6): 40-42.

[99] 杨慧. 空间分析与建模 [M]. 北京: 清华大学出版社, 2013.

[100] 叶庆华, 刘高焕, 陆洲, 等. 基于GIS的时空复合体土地利用变化图谱模型研究方法 [J]. 地理科学进展, 2002, 21 (4): 349-357.

[101] 尹章才, 李霖. 基于快照-增量的时空索引机制研究 [J]. 测绘学报, 2005, 34 (3): 257-261, 282.

[102] 余明, 等. 简明天文学教程 [M]. 3版. 北京: 科学出版社, 2012.

[103] 余明, 李慧. 基于Spot5影像的水体信息提取以及在湿地分类中的应用研究 [J]. 遥感信息, 2006 (3): 44-47.

[104] 余明, 李慧珍. 土地利用与土地覆盖变化信息的图谱研究 [J]. 遥感信息, 2007 (3): 29-33, 53.

[105] 余明, 祝国瑞, 李春华. 地学信息图谱图形与属性信息的双向查询与检索方法研究 [J]. 武汉大学学报（信息科学版）, 2005, 30 (4): 348-350, 354.

[106] 余明. 生态环境综合信息图谱生成与应用 M]. 北京: 测绘出版社, 2008.

[107] 余明. 数字福建及数字闽东南的研究与探讨 [J]. 地球信息科学, 2003 (2): 32-35.

[108] 余明. 遥感影像的城市热环境综合信息图谱研究 [M]. 北京: 测绘出版社, 2011.

[109] 袁江红, 欧建良, 查正军. 等值线DEM地形特征点提取与分类 [J]. 现代测绘, 2009, 32 (3): 3-6.

[110] 袁勘省, 等. 现代地图学教程 [M]. 2版. 北京: 科学出版社, 2012.

[111] 张超. 地理信息系统实习教程 [M]. 北京: 高等教育出版社, 2000.

[112] 张丰, 刘南, 刘仁义, 等. 面向对象的地籍时空过程表达与数据更新模型研究 [J]. 测绘学报, 2010, 39 (3): 303-308.

[113] 张宏. 地理信息系统算法基础 [M]. 北京: 科学出版社, 2006.

[114] 张赛, 廖顺宝. 多年平均气温空间化BP神经网络模型的模拟分析 [J]. 地球信息科学学报, 2011, 13 (4): 534-537.

[115] 张新长, 康停军, 张青年. 城市地理信息系统 [M]. 北京: 科学出版社, 2014.

[116] 张振, 米亚娅. GIS环境下基于DEM流域水文地理信息的提取 [J]. 地下水, 2014 (6): 25-30.

[117] 郑新奇. 论地理系统模拟基本模型 [J]. 自然杂志, 2012 (3): 143-149.

[118] 周启鸣, 刘学军. 数字地形分析 [M]. 北京: 科学出版社, 2006.

[119] 朱述龙, 张占睦. 遥感图像获取与分析 [M]. 北京: 科学出版社, 2000.

[120] 朱选, 刘素霞. 地理信息系统原理与技术 [M]. 上海: 华东师范大学出版社, 2006.